"十三五"普通高等教育本科部委级规划教材

·应用型系列教材·

总主编　吴国华

纺织材料实验实训教程

王　晓　栾文辉　主　编

李世朋　刘美娜　副主编

中国纺织出版社

内 容 提 要

《纺织材料实验实训教程》系统地介绍了纺织纤维、纱线、织物的结构与性能测试及纺织材料的综合性实训项目。内容上强调应用型人才的技能培养,除了介绍纺织材料的基础知识和基本实训操作外,还详细地介绍了各类仪器设备组成部件的功能和主要技术参数。当今计算机技术日新月异,许多仪器功能的实现与计算机软件的应用密切相关,因此本教材也介绍了一些计算机新知识和新技术。本书每个章节后安排了相应的思考题,以便读者练习,进而对所讲内容进行总结和复习。

本书可作为高等院校纺织工程专业的教材,也可供相关的科研工作者及企业技术人员参考。

图书在版编目(CIP)数据

纺织材料实验实训教程/王晓,栾文辉主编 . —北京:中国纺织出版社 2017.1(2023.2 重印)

"十三五"普通高等教育本科部委级规划教材 . 应用型系列教材

ISBN 978-7-5180-3117-7

Ⅰ.①纺… Ⅱ.①王… ②栾… Ⅲ.①纺织纤维–材料试验–高等学校–教材 Ⅳ.①TS101. 92

中国版本图书馆 CIP 数据核字(2016)第 296882 号

策划编辑:孔会云 责任编辑:符 芬 责任校对:王花妮
责任设计:何 建 责任印制:何 建

中国纺织出版社出版发行
地址:北京市朝阳区百子湾东里 A407 号楼 邮政编码:100124
销售电话:010—67004422 传真:010—87155801
http://www.c-textilep.com
E-mail:faxing@ c-textilep.com
中国纺织出版社天猫旗舰店
官方微博 http://weibo.com/2119887771
北京虎彩文化传播有限公司印刷 各地新华书店经销
2017 年 1 月第 1 版 2023 年 2 月第 3 次印刷
开本:787×1092 1/16 印张: 12
字数:218 千字 定价:48.00 元

序一

　　17 世纪，德国哲学家、数学家莱布尼茨发明了二进位制，他视其为"具有世界普遍性的、最完美的逻辑语言"。他有两个没想到：第一个没想到，二百多年以后，二进位制成了计算机软件的数学基础，构筑了丰富多彩的虚拟世界。第二个没想到，五千多年前的《周易》描绘了阴阳两元创化的智慧符号。莱布尼茨从法国汉学家处看到了八卦，认定那是中国版的二进制。《周易》可惜的是被拿去算卦，从阴阳看吉凶。莱布尼茨也有宗教情结，他认为每周第一天为 1，亦即上帝，这是世界的一翼。数到第 7 天，一切尽有，是世界的另一翼。7 按照二进制表示为"111"，八卦主吉的乾卦符号为三横。这三竖三横只是方向不同，义理暗合。

　　《周易》为群经之首，设教之书，大道之源。"一阴一阳之谓道"，两仪动静是人类活动总源头，为万物本元图式。李约瑟视其为宇宙力场的正极和负极。西方学者荣格评价更高，谈到世界智慧宝典，首推《周易》。他认为，在科学方面，我们得出的许多定律是短命的，常常被后来的事实推翻，惟独《周易》亘古常新，五六千年，依然活络。

　　乾与坤，始与终，精神与物质，主体与客体，合目的性与合规律性，工具理性与价值理性，公平与效率，社会与个人，人权与物权，政府与民众，自由与必然，形式与内容，理性与感性，陆地与海洋，东方与西方，和平与战争，植物与动物，有机与无机……在稀薄抽象中，两元逻辑是通则。我们的家庭也一样，一男一女是基础，有了后代，父母与子女也是两元存在。

　　世界无比丰富，不似两元那样单纯。但多元是双元的裂变，两端间的模糊带构成了丰富多彩的发挥天地。说到四季，根在两季，冬与夏代表冷与热，是基本状态，春秋的天气或不冷不热，或忽冷忽热，在冬夏间往复震荡。我攻读博士学位时搞的是美学，摇摆于哲学与艺术两域，如今沉思在文化里，那两个幽灵依然在脑海里"作怪"。我下乡九年，身上有农民气，读大学十年，身上有书生气，下笔喜欢文词，也喜欢白话，两者掺和在一起，不伦不类，或许也是特色。

　　烟台南山学院为了总结教学科研成果，启动了百部学术著作建设工程。没有统领思路，我感到杂乱无章，思前想后，觉得还是两元逻辑可靠。从体例上来说是两元的，一个系列是应用型教材，一个系列是学术文库；从内容上来说也是两元的，有的成果属于自然科学，研究物，有的成果属于社会科学，研究人。南山学院是中国制造业百强企业创办的高校，产业与专业相互嵌入，学校既为企业培养人才，也为社会培养人才，也是两元的。我们决定丛书封面就按这一思路设计：二进位制与阴阳八卦，一个正面，一个背面；一个数学，一个哲学；一个科学，一个文化；一个近代，一个古代；一个外国，一个中国。

　　南山学术文库重视学理，也重视术用，这便是两元关照。如果在书中这一章讲理论，另一章讲实践，我们能接受。最欢迎的是有机状态，揭示规律的同时，也揭示运用规律的规律，将科学与技术一体化。科学原创是发现，技术原创是发明，要让两者连通起来。对于"纯学术"著作，我们也提出了引向实践的修改要求，不光是为了照顾书系的统一，也是为了表达两元的学术主张。如果结合得比较生硬，也请读者谅解。我们以为，这是积极的缺欠，至少方向是对的。清流学者与实用保持距离，以为那是俗人的功课，这种没有技术感觉的科学意识并不透彻。我们倡导术用的主体性，反对大而无当的说理，哪怕有一点用处，也比没用的大话强。如果操作方案比较初级，将来可以优化。即便不合理，可能被推翻，也有抛砖引玉的作用，并非零价值，有了"玉"，"砖"就成了过季的学术文物，但文物不是废物。在学术史上哪怕写上我们一笔，仅仅轻轻的一笔，我们也满足了，没白活。

　　吴国华教授曾经提出，应用型大学的门槛问题在标准上，我很赞成，推荐他随中国民办教育协会代表团去德国考察双元制教育，回来后，吴教授主持应用标准化建设的信心更足了。德国的双元制教育有两个教育主体——学校与企业；受教育者有两个身份——学生与员工；教育者有两套人马——教员与师傅。精工制造，德国第一，这得益于双元制教育弘扬的工匠精神。我们必须改变专业主导习惯，提倡行业引领，专业追随行业，终端倒逼始端。应用专业的根在课程里，应用课程的根在教材里，应用教材的根在标准里，应用标准的根在行业里，线性的连续思路也是两元转化过程，从这一点走向另一点。我们按照这样的逻辑推动教材建设，希望阶段性成果能接地气。企业的技术变革速度快于大学，教材建设永远是过程，只能尽可能地缩短时差。

　　在《论语·子罕》中，孔子说："吾有知乎哉？无知也。有鄙夫问于我，空空如也。我叩其两端而竭焉。"他认为自己并没掌握什么知识，假使没文化的人来请教，他不知道如何回答。但是孔子自认为有一个长处，那就是"叩其两端而竭"，弄清正反、本末、雅俗、礼法、知行……把两极看透，把两极间的波动看清，在互证中获得深知与致知，此为会通之学。这时，"空空如也"就会变成"盈盈如也"。那"竭"字很有张力，有通吃的意思。孔子是老师，我们也是老师，即便努力向先师学习，我们也成不了圣人，但可以成为聪明些的常人。

　　世界是整块的，宇宙大爆炸后解散了，但依然恪守着严格的队列。《庄子》中有个混沌之死的故事，混沌代表"道"，即宇宙原本，亦为人之初，命之始，凿开七窍后，混沌死了。庄子借此说明，大道本来浑然一体，无所分界。"负阴而抱阳"，阳体中有阴眼，阴体中有阳眼。看出差别清醒，看出联系明晰。内视开天目，心里有数。

　　两元逻辑的重点不在"极"，而在"易"，两极互动相关，才能释放能量。道家以为，缺则全，枉则直，洼则盈，少则得，多则惑，兵强则灭，木强则折，坚强处下，柔弱处上，事物在反向转化中发展着。《周易》乃通变之学，计算机中的二进位制，也是在高速演算中演义世界的。

　　哈佛大学等名校在检讨研究型大学的问题时，比较一致的看法是忽视了本科教育。本科是本，顶天不立地，脚步发飘。中国科学院原就有水平很高的研究生院，现在又成立了中国科学院大学，也要向下延伸到本科。高等教育的另一个极化问题出现在教学型高校中，许多人认为这里的主业是上课，搞不搞研究无关大局。其实科研是教学的内置要素，是两极，也是一体，两手抓，两手都要硬。科研好的教师不一定是好教师，但是科研不好的教师一定不是好教师，不爱搞学问的老师教不出会学习的学生，很难说教学质量有多高，老师自己都没有创新能力，怎么能培养出有创新能力的学生呢？两元思维是辩证的，不可一意孤行。我们的百部著述工程包含教学与科研两大系列，想表达的便是共荣理念，虽然水平有限，但信念是坚定的。

以《周易》名言收笔——"天行健，君子以自强不息"。

烟台南山学院校长

2016 年 7 月 17 日于龙口

序二

加快应用型本科教材建设的思考

一、应用型高校转型呼唤应用型教材建设

教学与生产脱节，很多教材内容严重滞后于现实，所学难以致用。这是我们在进行毕业生跟踪调查时经常听到的对高校教学现状提出的批评意见。由于这种脱节和滞后，造成很多毕业生及其就业单位不得不花费大量时间进行"补课"，既给刚踏上社会的学生无端增加了很大压力，又给就业单位白白增添了额外培训成本。难怪学生抱怨"专业不对口，学非所用"，企业讥讽"学生质量低，人才难寻"。

2010 年颁布的《国家中长期教育改革和发展规划纲要（2010-2020 年）》指出，要加大教学投入，重点扩大应用型、复合型、技能型人才培养规模。2014 年，《国务院关于加快发展现代职业教育的决定》进一步指出，要引导一批普通本科高等学校向应用技术类型高等学校转型，重点举办本科职业教育，培养应用型、技术技能型人才。这表明国家已发现并着手解决高等教育供应侧结构不对称问题。

2014 年 3 月，在中国发展高层论坛上有关领导披露，教育部拟将 600 多所地方本科高校向应用技术、职业教育类型转变。这意味着未来几年，我国将有 50% 以上的本科高校（2014年全国本科高校 1202 所）面临应用型转型，更多地承担应用型人才，特别是生产、管理、服务一线急需的应用技术型人才的培养任务。应用型人才培养作为高等教育人才培养体系的重要组成部分，已经被提上国家重要的议事日程。

"兵马未动、粮草先行"。应用型高校转型要求加快应用型教材建设。教材是引导学生从未知进入已知的一条便捷途径。一部好的教材既是取得良好教学效果的关键因素，又是优质教育资源的重要组成部分。它在很大程度上决定着学生在某一领域发展起点的远近。在高等教育逐步从"精英"走向"大众"直至"普及"的过程中，加快教材建设，使之与人才培养目标、模式相适应，与市场需求和时代发展相适应，已成为广大应用型高校面临并亟待解决的新问题。

烟台南山学院作为大型民营企业——南山集团投资兴办的民办高校，与生俱来就是一所应用型高校。2005 年升本以来，学校依托大企业集团，坚定不移地实施学校地方性、应用型的办学定位，坚持立足胶东，着眼山东，面向全国；坚持以工为主，工管经文艺协调发展；坚持产教融合、校企合作，培养高素质应用型人才，初步形成了自己校企一体、实践育人的应用型办学特色。为加快应用型教材建设，提高应用型人才培养质量，今年学校推出的包括

"应用型教材"在内的"百部学术著作建设工程",可以视为烟台南山学院升本 10 年来教学改革经验的初步总结和科研成果的集中展示。

二、应用型本科教材研编原则

应用型本科作为一种本科层次的人才培养类型,目前使用的教材大致有两种情况:一是借用传统本科教材。实践证明,这种借用很不适宜。因为传统本科教材内容相对较多,教材既深且厚。更突出的是其与实践结合较少,很多内容理论与实践脱节。二是延用高职教材。高职与应用型本科的人才培养方式接近,但毕竟人才培养层次不同,它们在专业培养目标、课程设置、学时安排、教学方式等方面均存在很大差别。高职教材虽然也注重理论的实践应用,但"小才难以大用",用高职教材支撑本科人才培养,实属"力不从心",尽管它可能十分优秀。换句话说,应用型本科教材贵在"应用"二字。它既不能是传统本科教材加贴一个应用标签,也不能是高职教材的理论强化,应有相对独立的知识体系和技术技能体系。

基于这种认识,我认为研编应用型本科教材应遵循三个原则:一是实用性原则。教材内容应与社会实际需求相一致,理论适度、内容实用。通过教材,学生能够了解相关产业企业当前的主流生产技术、设备、工艺流程及科学管理状况,掌握企业生产经营活动中与本学科专业相关的基本知识和专业知识、基本技能和专业技能,以最大限度地缩短毕业生知识、能力与产业企业现实需要之间的差距。烟台南山学院的《应用型本科专业技能标准》就是根据企业对本科毕业生专业岗位的技能要求研究编制的一个基本教学文件,它为应用型本科有关专业进行课程体系设计和应用型教材建设提供了一个参考依据。二是动态性原则。当今社会,科技发展迅猛,新产品、新设备、新技术、新工艺层出不穷。所谓动态性,就是要求应用型教材应与时俱进,反映时代要求,具有时代特征。在内容上应尽可能将那些经过实践检验成熟或比较成熟的技术、装备等人类发明创新成果编入教材,实现教材与生产的有效对接。这是克服传统教材严重滞后于生产、理论与实践脱节、学不致用等教育教学弊端的重要举措,尽管某些基础知识、理念或技术工艺短期内并不发生突变。三是个性化原则。教材应尽可能适应不同学生的个体需求,至少能够满足不同群体学生的学习需要。不同的学生或学生群体之间存在的学习差异,显著地表现在对不同知识理解和技能掌握并熟练运用的快慢及深浅程度上。根据个性化原则,可以考虑在教材内容及其结构编排上既有所有学生都要求掌握的基本理论、方法、技能等"普适性"内容,又有满足不同的学生或学生群体不同学习要求的"区别性"内容。本人以为,以上原则是研编应用型本科教材的特征使然,如果能够长期坚持,则有望逐渐形成区别于研究型人才培养的应用型教材体系和特色。

三、应用型本科教材研编路径

1. 明确教材使用对象

任何教材都有自己特定的服务对象。应用型本科教材不可能满足各类不同高校的教学需求,它主要是为我国新建的包括民办高校在内的本科院校及应用技术型专业服务的。这是因为:近 10 多年来,我国新建了 600 多所本科院校(其中民办本科院校 420 所,2014 年数据)。这些本科院校大多以地方经济社会发展为其服务定位,以应用技术型人才为其培养模式定位,其学生毕业后大部分选择企业单位就业。基于社会分工及企业性质,这些单位对毕业生的实践应用、技能操作等能力的要求普遍较高，而不苛求毕业生的理论研究能力。因此，作为人才培养的必备条件，高质量应用型本科教材已经成为新建本科院校及应用技术类专业培养合格人才的迫切需要。

2. 加强教材作者选择

突出理论联系实际，特别注重实践应用是应用型本科教材的基本特征。为确保教材质量，严格选择研编人员十分重要。其基本要求：一是作者应具有比较丰富的社会阅历和企业实际工作经历或实践经验，这是研编人员的阅历要求。二是主编和副主编应选择长期活跃于教学一线、对应用型人才培养模式有深入研究并能将其运用于教学实践的教授、副教授或工程技术人员，这是研编团队的领袖要求。主编是教材研编团队的灵魂，选择主编应特别注重考察其理论与实践结合能力的大小，以及他们是"应用型"学者还是"研究型"学者的区别。三是作者应有强烈的应用型人才培养模式改革的认可度，以及应用型教材编写的责任感和积极性，这是写作态度要求。四是在满足以上条件的基础上，作者应有较高的学术水平和教材编写经验，这是学术水平要求。显然，学术水平高、编写经验丰富的研编团队，不仅能够保证教材质量，而且对教材出版后的市场推广也会产生有利的影响。

3. 强化教材内容设计

应用型教材服务于应用型人才培养模式的改革。应以改革精神和务实态度，认真研究课程要求，科学设计教材内容，合理编排教材结构。其要点包括：

（1）缩减理论篇幅，明晰知识结构。应用型教材编写应摒弃传统研究型或理论型人才培养思维模式下重理论、轻实践的做法，确实克服理论篇幅越来越大、教材越编越厚、应用越来越少的弊端。一是基本理论应坚持以必要、够用、适用为度，在满足本课程知识连贯性和专业应用需要的前提下，精简推导过程，删除过时内容，缩减理论篇幅；二是知识体系及其应用结构应清晰明了、符合逻辑，立足于为学生提供"是什么"和"怎么做"；三是文字简洁，不拖泥带水，内容编排留有余地，为学生自我学习和实践教学留出必要的空间。

（2）坚持能力本位，突出技能应用。应用型教材是强调实践的教材，没有"实践"、不能让学生"动起来"的教材很难取得良好的教学效果。因此，教材既要关注并反映职业技术现状，以行业、企业岗位或岗位群需要的技术和能力为逻辑体系，又要适应未来一段时期技术推广和职业发展要求。在方式上应坚持能力本位、突出技能应用、突出就业导向；在内容上应关注不同产业的前沿技术、重要技术标准及其相关的学科专业知识，把技术技能标准、方法程序等实践应用作为重要内容纳入教材体系，贯穿于课程教学过程，从而推动教材改革，在结构上形成区别于理论与实践分离的传统教材模式，培养学生从事与所学专业紧密相关的技术开发、管理、服务等工作所必需的意识和能力。

（3）精心选编案例，推进案例教学。什么是案例？案例是真实典型且含有问题的事件。这个表述的涵义：第一，案例是事件。案例是对教学过程中一个实际情境的故事描述，讲述的是这个教学故事产生、发展的历程。第二，案例是含有问题的事件。事件只是案例的基本素材，但并非所有的事件都可以成为案例。能够成为教学案例的事件，必须包含问题或疑难情境，并且可能包含解决问题的方法。第三，案例是典型且真实的事件。案例必须具有典型意义，能给读者带来一定的启示和体会。案例是故事但又不完全是故事，其主要区别在于故事可以杜撰，而案例不能杜撰或抄袭，案例是教学事件的真实再现。

案例之所以成为应用型教材的重要组成部分，是因为基于案例的教学是向学生进行有针对性的说服、引发思考、教育的有效方法。研编应用型教材，作者应根据课程性质、内容和要求，精心选择并按一定书写格式或标准样式编写案例，特别要重视选择那些贴近学生生活、便于学生调研的案例，然后根据教学进程和学生理解能力，研究在哪些章节，以多大篇幅安排和使用案例，为案例教学更好地适应案例情景提供更多的方便。

最后需要说明的是，应用型本科作为一种新的人才培养类型，其出现时间不长，对它进行系统研究尚需时日。相应的教材建设是一项复杂的工程。事实上从教材申报到编写、试用、评价、修订，再到出版发行，至少需要 3~5 年甚至更长的时间。因此，时至今日完全意义上的应用型本科教材并不多。烟台南山学院在开展学术年活动期间，组织研编出版的这套应用型本科系列教材，既是本校近 10 年来推进实践育人教学成果的总结和展示，更是对应用型教材建设的一个积极尝试，其中肯定存在很多问题，我们期待在取得试用意见的基础上进一步改进和完善。

烟台南山学院常务副校长

2016 年国庆节于龙口

前言

　　《纺织材料实验实训教程》是纺织材料实验课的教材。通过实验，理论联系实际，能更好地理解和掌握纺织材料学课程讲授的理论知识，并掌握有关纺织纤维结构、性能及纺织品性能测试、品质评定等方面必要的知识和技能，掌握一定的实验知识和方法，培养学生分析问题、解决问题的能力，提高学生的实际动手能力。

　　本教材主要特点如下。

　　（1）在每一节（或章）设任务，按所学知识的要求，由浅入深地写出正文，最后提出新的任务，起到节与节之间的衔接作用。每个实验都有相应的思考题，以方便读者练习，帮助读者对所学内容进行总结和消化。

　　（2）强调应用型人才的技能培养。除介绍了纺织材料的基础知识和基本实训操作外，还详细地介绍了各类仪器设备组成部件的功能和主要技术参数，所以本书着重于解决实际问题。

　　（3）当今纺织科技迅猛发展，计算机技术日新月异，新材料、新仪器和新纺织标准的出现，许多仪器功能与计算机软件紧密结合，对纺织材料的实验教学提出了更高的要求。因此，本教材涉及较多的计算机新知识和新技术。

　　本书共分四章，第一章实验1~7、第三章实验15~26、第四章全部实验由烟台南山学院王晓编写，第一章实验11~14由烟台南山学院高晓艳编写，第二章实验1~6由山东南山纺织服饰有限公司栾文辉编写，第二章实验7~9由烟台南山学院刘美娜编写，第三章实验1、3、6~10由烟台南山学院王文志编写，第一章实验8~10、第三章实验2、4、5由烟台南山学院朱永军编写，第三章实验11~14由烟台南山学院李世朋编写，第三章实验27~30由烟台南山学院王娟、张淑梅编写。本书是在使用多年自编讲义的基础上编写而成，由王晓负责全书的构思和统稿。

　　本书得到了烟台南山学院纺织工程特色专业经费的资助，在编写过程中得到了烟台南山学院校领导，教务处、工学院、纺织系领导和老师以及山东南山纺织服饰有限公司的支持与帮助，在此向他们表示感谢。

　　由于编者水平有限，书中难免存在不足和错误，敬请读者批评指正。

编　者

2016 年 9 月

目录

第一章　纺织纤维的结构与性能测试

第一节　纺织纤维的认识与鉴别

实验1　显微镜认识各种纤维

试验仪器：XSP-2C 系列生物显微镜、Y172 型哈氏切片器。

试样：棉、苎麻、蚕丝、羊毛或化学纤维。

试验用具：刀片、火棉胶、甘油、擦镜纸、载玻片、盖玻片。

一、概述

纺织纤维的品种有很多，性状各异，认识纤维是更好地使用纤维和鉴别纤维的基础。不同品种的纤维，在纵向形态、横截面形态方面都存在一定差异，尤其是各种天然纤维都各自具有独特特征，通过显微镜观察能快速准确地鉴别出纵向、横向形态具有独特特征的纤维。如有天然转曲的是棉；有鳞片的是毛；有横节、纵向裂纹的是麻；纵向有很多沟槽，截面为锯齿形的是黏胶纤维；截面为不规则三角形且大小不一的是丝；合成纤维一般纵向光滑。它既能用于单一成分的纤维鉴定，也可以用于多种成分混合而成的混纺产品的鉴别。

二、仪器结构

1. XSP-2C 系列生物显微镜　XSP-2C 系列生物显微镜结构如图 1-1 所示。

2. Y172 型哈氏切片器结构　Y172 型哈氏切片器结构如图 1-2 所示。

三、实验方法与步骤

1. 纤维切片的制作

（1）取哈氏切片器，旋松定位螺丝 4，并取去定位销子 5，将螺座 6 转到与右底板成垂直的定位（或取下），将左底板从右底板上抽出。

（2）取一束试样纤维，用手扯法整理平直，把一定量的纤维放入左底板的凹槽中，将右底板插入，压紧纤维，放入的纤维数量以轻拉纤维束时稍有移动为宜。

（3）用锋利的切片切去露在底板正、反面外边的纤维。

（4）转动螺座 6 恢复到原来位置，用定位销子 5 加以固定，然后旋紧定位螺丝 4。此时，

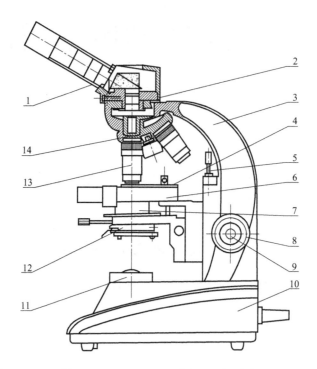

图 1-1 XSP-2C 系列生物显微镜结构

1—目镜 2—镜头 3—机架 4—标本夹 5—调焦定位 6—平台 7—聚光镜 8—粗调焦手轮
9—微调焦手轮 10—底座 11—焦光镜 12—可变光阑 13—物镜 14—物镜转换器

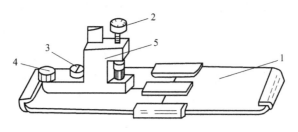

图 1-2 Y172 型哈氏切片器

1—金属板（凸槽） 2—精密螺丝 3—定位螺丝 4—定位销子 5—螺座

精密螺丝下端的推杆应对准放入凹槽中的纤维束的上方。

（5）顺时针旋转精密螺丝 3，使纤维束稍稍伸出金属底板表面，然后在露出的纤维束上涂上一层薄薄的火棉胶。

（6）待火棉胶凝固后，用锋利刀片沿金属底板表面切下第一片切片。在切片时，刀片应尽可能平靠金属底板（即刀片与金属底板间的夹角要小），并保持两者间夹角不变。由于第一片切片厚度无法控制，一般舍去不用。从第二片开始作为正式试样切片，切片厚度可由精密螺丝控制。用精密螺丝推出试样，涂上火棉胶，进行切片，选择好的切片作为正式试样。

（7）把切片放在滴有甘油的载玻片上，盖上盖玻片，在载玻片左角上贴上试样名称标记，然后放在显微镜下进行观察。

操作注意以下点：一是制作切片时，羊毛的切取较为方便，细的其他纤维的切取较为困难，因此，可把其他纤维包在羊毛纤维内进行切片，这样容易得到好的切片；二是制作切片时，原则上纤维厚度应小于或等于横向尺寸（纤维直径或宽度），以免纤维倒伏，纤维一旦倒伏，在显微镜下观察到的是一小段一小段的纤维纵向形态，而不是横截面形态；三是切片厚度用精密螺丝 3 控制，转动一小格约为 $10\mu m$，通常转动 $1 \sim 1.5$ 小格为宜。

2. 用显微镜观察试样　用显微镜观察纤维时的操作步骤如下（图 1-1）。

（1）打开电源开关，用亮度调节旋转调节照明亮度至满负荷的 70% 左右。

（2）将标本（载玻片）平整地放置在工作平台上，盖玻片朝向物镜，用卡板夹紧。

（3）选择适当倍数的目镜 1 放在镜筒上，将物镜 13 转至镜筒中心线上，以便调焦。

（4）转动调焦定位，但注意务必不能使物镜 13 触及盖玻片。这时，操作者的眼睛一定要注视物镜 13，以免损坏镜头。

（5）移动载物台上的机械移动装置，即调节前后、左右两个旋钮，使试样移到物镜中心。

（6）自目镜 1 下视，转动粗调焦手轮 8 慢慢升起镜筒，至见到试样时立即停止。如不能见到试样，则反复进行步骤（4）和步骤（5）。

（7）见到试样后，再调节微调焦手轮 9，使试样图像清晰。

（8）如需采用高倍物镜（一般纤维纵向只需用低倍物镜观察，纤维断面形态可用高倍物镜观察），则按上述方法先用低倍物镜调节，得到清晰的成像后，在不改变镜筒位置情况下，转动物镜转换器 14，使高倍物镜代替低倍物镜，然后自目镜观察。如图像不够清晰，只要稍稍旋转微调焦手轮 9，即能得到清晰的物像。如果换成高倍物镜后，视野中不见物像，则需稍微移动机械移动装置，就可找到物像。

（9）依次观察各种纤维的纵、横断面形态，将纤维的形态描绘在纸上，并说明纤维的形态特征。

（10）试验完毕，用擦镜纸将显微镜擦干净。

四、实验结果

描绘纤维的纵横截面形态。

思考题

1. 纤维切片的制作有哪些要求？

2. 使用显微镜应注意哪些事项？

实验 2　纺织纤维的鉴别

试验仪器：天平、显微镜。

试样和材料：棉、苎麻、蚕丝、羊毛或化学纤维。碘—碘化钾溶液，1 号着色剂。

试验用具：打火机、镊子、滴瓶、烧杯、试管、玻璃棒。

一、概述

纤维是组成纱线和织物的原料。纺织纤维的种类很多，随着化学纤维的快速发展，混纺和交织的纺织品也日益增多，而纱线和织物性能与纤维性能密切相关。所以，在纺织生产管理、产品设计分析、进出口商品检验中，常常要对纤维材料进行鉴别。

各种纺织纤维的外观形态或内在性质有相似的地方，也有不同之处。纤维鉴别就是利用纤维外观形态或内在性质差异，采用各种方法将其区分开来。各种天然纤维的形态差别较为明显，因此，鉴别天然纤维主要是根据纤维外观形态特征以区分。而许多化学纤维特别是一般合成纤维的外观形态基本相似，其截面多数为圆形，但随着异形纤维的发展，同一种类的化学纤维可以制成不同的截面形态，这就很难从形态特征上分清纤维品种，因而必须结合其他方法进行鉴别。由于各种化学纤维的物质组成和结构不同，它们的物理化学性质差别很大。因此，化学纤维主要根据纤维物理和化学性质的差异来进行鉴别。

鉴别纤维是一项实用性很强的技术，就是根据各种纤维的外观形态和内在性质的差异，采用物理或化学方法来区别纤维种类。常用的鉴别纤维的方法有显微镜观察法、燃烧法、化学溶解法、药品着色法、熔点法、系统鉴别法等。此外，也可以根据纤维分子结构鉴别纤维，如 X 射线衍射法和红外线吸收光谱法等。

二、显微镜观察法

纤维的细度很细，但其纵向（即表观）和截面特征有很大差异，因此可以借助光学显微镜或扫描电子显微镜对纵向和截面特征进行观察。该法能准确快速地鉴别出那些纵横向具有特殊形态特征的天然纤维，但对合成纤维的品种不能准确鉴别，还需要结合其他方法。

其操作步骤同实验 1。常见纤维的纵横向形态特征见表 1-1。

表 1-1　常见纤维的纵横向形态特征

纤维种类	纵向形态	横截面形态
棉	天然转曲	腰圆形、有中腔
苎麻	横节竖纹	腰圆形，有中腔，胞壁有裂纹
绵羊毛	鳞片大多呈环状或瓦状	近似圆形或椭圆形，有的有毛髓
山羊绒	鳞片大多呈环状，边缘光滑，间距较大，张角较小	多为较规则的圆形
兔毛	鳞片大多呈斜条状，有单列或多列毛髓	绒毛为非圆形，有一个中腔；粗毛为腰圆形，有多个中腔
桑蚕丝	平滑	不规则三角形
黏胶纤维	多根沟槽	锯齿形、有皮芯结构
醋酯纤维	1~2 根沟槽	梅花形
腈纶	平滑或 1~2 根沟槽	圆形或哑铃形
涤纶、锦纶、丙纶等	平滑	圆形

纤维的纵横向形态特征能用于纯纺（由一种纤维构成）、混纺（由两种或多种纤维构成）

和交织（经纬纱用不同的原料）产品的鉴别，能正确地将天然纤维与化学纤维区分开，但是不能确定合成纤维的具体品种。

注意事项：考虑化学纤维中的异形纤维（如三角形截面）；经显微镜初步鉴定后需进一步验证。

三、燃烧法

燃烧法是一种感官判定的方法，该法是根据纤维的化学组成不同，其燃烧的特征也不同来区分纤维的大类。燃烧法适用于单一成分的纤维，不适用于混合成分的纤维，或经过防火、阻燃及其他功能整理的纤维和纺织品。对混合成分的纤维，虽然不能确定量，但可以知道含有哪几类纤维。

实验步骤：取一小束纤维，用镊子夹住，分别进行以下操作。

（1）接近火焰。将纤维慢慢地移向火焰，仔细观察纤维接近火焰时的燃烧特征。

（2）火焰中。继续将纤维放入火焰中，观察纤维在火焰中的燃烧特征。

（3）离开火焰。将纤维离开火焰后，观察纤维的燃烧特征。

（4）气味及燃烧后残留物的辨别。最后再观察燃烧时产生的气味及燃烧后残留物的形态。

利用这种方法能准确地将常用纤维分成三大类，即纤维素纤维（棉、麻、黏胶纤维等）、蛋白质纤维（毛、丝等）及合成纤维（涤纶、锦纶、腈纶、丙纶、维纶、氯纶等）。三大类纤维燃烧的特征见表1-2。

表1-2 三大类纤维燃烧的特征

纤维类别	接近火焰	火焰中	离开火焰	残留物形态	气味
纤维素纤维(棉、麻、黏胶纤维等)	不熔不缩	迅速燃烧	继续燃烧	细腻灰白色	烧纸味
蛋白质纤维(丝、毛等)	收缩	渐渐燃烧	不易延烧	松脆黑灰	烧毛发臭味
合成纤维(涤纶、锦纶、丙纶等)	收缩、熔融	熔融燃烧	继续燃烧	硬块	各种特殊气味

四、化学溶解法

1. 实验原理 该法是根据不同的纤维在不同试剂中的溶解性能不同来加以鉴别的。该方法的优点是它适用于各种纺织纤维，不仅适用于单一成分的纤维，还适用于混合成分的纤维，而且对混合成分的纤维还能进行定量分析；缺点是需要不易挥发且溶解时无剧烈放热或产生有毒气体的化学溶剂。

2. 实验步骤

（1）单一成分的纤维鉴别步骤。抽取少量的纤维→置入试管→注入一定浓度的溶剂（用玻璃棒搅拌）→观察纤维在溶液中的溶解情况（如溶解、部分溶解、微溶、不溶），记录溶解温度（常温溶解、加热溶、煮沸溶解）→对照溶解性能表，确定纤维品种。

（2）混合成分的纤维鉴别步骤。抽取少量混合纤维→放入凹面载玻片中→凹面载玻片放在显微镜载物台上→凹面处滴上少量溶剂→盖上盖玻片→在显微镜下观察各种纤维的溶解情况→确定纤维的成分。

如果要对混合纤维做定量分析，可以选择适当的溶剂溶去一种组分，将不溶的另一组分纤维洗净、烘干、称重，计算各组分纤维含量的百分比。

注意事项：由于溶剂的浓度和加热温度不同，对纤维的溶解性能表现不一，所以在实验时，要严格控制溶剂的浓度和加热温度，同时注意纤维在溶剂中的溶解速度。

常用溶剂和纤维的溶解性能见表1-3。

表1-3 常用溶剂和纤维的溶解性能

溶剂 纤维种类	盐酸 (30%,24℃)	硫酸 (75%,24℃)	氢氧化钠 (5%,煮沸)	甲酸 (85%,24℃)	冰醋酸 (24℃)	间甲酚 (24℃)	二甲基 甲酰胺 (24℃)	二甲苯 (24℃)
棉	I	S	I	I	I	I	I	I
羊毛	I	I	S	I	I	I	I	I
蚕丝	S	S	S	I	I	I	I	I
麻	I	S	I	I	I	I	I	I
黏胶纤维	S	S	I	I	I	I	I	I
醋酯纤维	S	S	P	S	S	S	S	I
涤纶	I	I	I	I	I	S	I	II
锦纶	S	S	I	S	I	S	I	I
腈纶	I	SS	I	I	I	I	S	I
维纶	S	S	I	S	I	S	I	I
丙纶	I	I	I	I	I	I	I	S
氯纶	I	I	I	I	I	I	S	I

注 S——溶解；SS——微溶；P——部分溶解；I——不溶解。

五、药品着色法

1. 实验原理 该法是根据各种纤维对某种化学药品的着色性能的不同来迅速鉴别纤维品种的。它适用于未染色的单一成分的纤维，不适用于混合纤维和染色后的单一成分纤维。

2. 实验步骤 鉴别纺织纤维的着色剂通常采用碘—碘化钾溶液和1号着色剂。

（1）碘—碘化钾溶液实验步骤。

①制备碘—碘化钾溶液：将20g碘溶解于100mL饱和碘化钾溶液中。

②将纤维浸入微沸的碘—碘化钾溶液中0.5~1min，时间从放入试样后染液微沸开始计算。

③染完后取出纤维，用清水洗净，根据着色不同判断纤维品种。

（2）1号着色剂实验步骤。

①将试样放入微沸的着色溶液中，沸染1min，时间从放入试样后染液微沸开始计算。

②染完后倒去染液，冷水清洗，晾干。对羊、丝和锦纶可采用沸染3s的方法，扩大色相差异。

③染好后与标准样进行对照，根据色相确定纤维类别。

常见的几种纺织纤维的着色反应见表1-4。

表1-4　常见的几种纺织纤维的着色反应

纤维种类	1号着色剂实验结果	碘—碘化钾溶液实验结果	纤维种类	1号着色剂实验结果	碘—碘化钾溶液实验结果
棉	灰	不染色	涤纶	红玉	不染色
麻(苎麻)	青莲	不染色	锦纶	酱红	黑褐
羊毛	红莲	淡黄	腈纶	桃红	褐色
蚕丝	深紫	淡黄	维纶	玫红	蓝灰
黏胶纤维	绿	黑蓝青	氯纶	—	不染色
铜氨纤维	—	黑蓝青	丙纶	鹅黄	不染色
醋酯纤维	橘红	黄褐	氨纶	姜黄	—

六、熔点法

熔点法是根据化学纤维的熔融特性，在化学熔点仪上或在附有加热和测温装置的偏光显微镜下，观察纤维消光时的温度来测定纤维的熔点，从而鉴别纤维。由于某些化学纤维的熔点比较接近，较难区分，还有些纤维没有明显的熔点，因此，熔点法一般不单独应用，而是作为证实某种纤维的辅助方法。几种化学纤维的熔点见表1-5。

表1-5　几种化学纤维的熔点

纤维名称	熔点范围(℃)	纤维名称	熔点范围(℃)
二醋酯纤维	255~260	腈纶	不明显
三醋酯纤维	280~300	维纶	不明显
涤纶	255~260	丙纶	165~173
锦纶6	215~220	氯纶	200~210
锦纶66	250~260	氨纶	228~234

七、系统鉴别法

在纺织纤维鉴别过程当中，有些纤维用单一方法较难鉴别，需要综合运用其他方法才能准确地鉴别出来。例如，用燃烧法可以将纤维鉴别出三大类：纤维素纤维、蛋白质纤维、合成纤维，要继续鉴别分别是属于这三大类纤维的哪一种，还需借助显微镜观察法或着色反应法或溶解法。系统鉴别法的实验步骤如下。

（1）首先确定未知的几种纤维是否属于弹性纤维。若不属于弹性纤维，可用燃烧法将纤维初步分成三大类：纤维素纤维、蛋白质纤维、合成纤维。

（2）纤维素纤维和蛋白质纤维各自有不同的横截面和纵向特征，可用显微镜观察法加以鉴别。

（3）合成纤维一般用溶解法，根据不同的合成纤维在不同的化学溶解剂及不同温度下的溶解性能来鉴别。

思考题

1. 如何用简单可靠的方法鉴别棉、麻、蚕丝、羊毛、黏胶纤维、涤纶？

2. 如何鉴别羊毛、涤纶、黏胶纤维三合一的混纺品？

第二节　纺织纤维几何形态的测试

实验3　梳片法测定羊毛纤维长度

试验仪器：Y131 型梳片式羊毛长度分板仪、电子天平。

试样：精梳毛条。

一、概述

纤维长度是纺织加工中的必检参数，它直接影响纤维的加工和使用性能，反映纤维本身的品质特征，与纤维的可纺性、成纱质量、手感、蓬松保暖性有着密切的关系。羊毛纤维的长度分为自然长度和伸直长度。自然长度是指羊毛在自然卷曲状态下，纤维两端间的直线距离，一般用于测量毛丛长度。伸直长度是纤维伸直而未伸长时两端的距离，是毛纤维消除弯钩后的长度，一般用于测量毛条中的纤维长度。羊毛纤维长度一般指的是伸直长度。

二、实验目的与要求

通过实验，熟悉仪器的结构，掌握纤维长度各项指标的计算方法，并对纤维的平均长度和长度分布具有一定的概念。

三、实验原理

利用彼此间隔一定距离的梳片，将羊毛纤维整理成伸直平行、一端平齐的纤维束后，由长到短按一定组距（梳片间的距离）分组后称量，从而得到纤维长度的重量分布，计算有关指标。

梳片法测定纤维长度的优点是仪器简单，价格低廉，维护保养方便；缺点是试验时间长，并要求操作者有熟练技术，计算工作量大。

Y131 型梳片式羊毛长度分析仪的结构如图 1-3 所示。

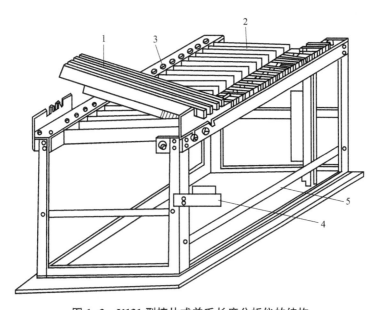

图1-3 Y131型梳片式羊毛长度分析仪的结构

1—上梳片 2—下梳片 3—触头 4—预梳片 5—挡杆

四、实验步骤

（1）先将两台羊毛长度分析仪并排置于实验台上，移去上梳片（面对其中一台下梳片序号0）。

（2）从品质试验的试样中抽取3段，先将第一根毛条用双手各执其一端轻加张力，平直地放在第一台羊毛长度分析仪上，毛条一端露出第一块下梳片外面约10mm，然后用压毛夹将毛条压入针内宽30~40mm。

（3）将露出梳片面的毛条用手轻轻拉去一段，再用纤维夹夹走游离突出纤维，使毛束端部与第一块梳片的平齐。

（4）将第一台分析仪上的第一块梳片放下，用纤维夹将全部宽度的纤维夹住，从梳片中缓缓拉出，并用预梳片梳理一次，使纤维保持顺直。

（5）将梳理后的纤维立即放在第二台羊毛长度分析仪的梳片上，用纤维叉把纤维压入针内，并缓缓向前拖拽，尽可能减少纤维的卷缩而又不致使纤维断裂，当纤维夹的钳口拖至第一块梳片10mm时，即将纤维放下。

（6）按照步骤（4）、步骤（5）的要求，用纤维夹拉取第二把纤维束，拉取前后先将游离纤维夹走，使毛束端部再度平齐，如此连续拉取直至第二台长度分析仪上的毛束重量达到0.7~0.8g为止。

（7）按照上述方法依次拉第二根、第三根毛条，在第三根毛条拉完后，第二台长度仪上的毛束重量达到2~2.5g。

（8）在第二台羊毛长度分析仪上加压五片上梳片，并将其移转180°按撤触头，使无纤维的下梳片一一落下，至略有最长纤维露出梳片为止，然后用纤维夹逐渐细心夹取，直到抽完为止，此即为第一组，也是最长的一组纤维，把纤维搓卷成环形，依次拉取各组，分别放入试样盒，并用天平称重，称重时准确到0.001g。

（9）将试验结果记下，计算毛条的平均长度、长度离散系数、30mm 以下短毛含量。

五、注意事项

（1）梳片上的试样纤维不宜太厚，以免折断钢针。

（2）操作时手要轻，用纤维叉压纤维时要拿得稳，且要平行而轻轻压下。

（3）试验人员的手保持清洁，手汗随时揩干净，以免影响正确性。

（4）试验结束后，必须做清洁工作。

思考题

羊毛纤维长度与纺纱加工及成纱质量有什么关系？

实验4　罗拉法测定棉纤维长度

试验仪器：Y111 型罗拉式长度分析仪、两台扭力天平（称量为 50mg，分度值为 0.05mg）。

试验用具：黑绒板、限制器绒板、一号和二号夹子、垫木、镊子、梳子、小钢尺。

试样：棉纤维若干。

一、概述

棉纤维的长度是在纤维发育过程中的前期延伸期形成的，而棉纤维胞壁厚度则是在纤维发育过程中的后期即延伸期形成的。因此，棉纤维的长度不因纤维成熟的好坏而有差异。

我国目前生产线上使用的棉纤维长度检验方法有手扯法和罗拉法（仪器法）两种。手扯法测定棉纤维长度指标用手扯长度表示，即通过手工整理后测得的棉纤维长度，它代表一批棉群中数量最多的纤维长度。

采用罗拉法测定的棉纤维长度，其指标有主体长度右半部平均长度（平均长度）基数、均匀度和短绒率等。

1. 主体长度　主体长度是纤维中含量最多的纤维长度，接近于手扯长度。

2. 品质长度（右半部分平均长度）　品质长度是比主体长度长的那一部分纤维的平均长度，此指标一般用于纺纱工艺中，如决定罗拉隔距等。

3. 基数　基数是以主体长度为中心，前后 5mm 范围内纤维重量占整个纤维试样重量的百分数。基数高，说明纤维长度均匀。

4. 均匀度　均匀度是基数和主体长度的乘积（去掉基数百分数）。它是相对指标，用以比较不同长度纤维的均匀程度。

5. 短绒率　短绒率是长度短于 16mm（主体长度为 31mm 以下时）或 20mm（主体长度长于 31mm 时）的纤维重量占纤维总重量的百分率。短纤维多少对成纱质量（条干均匀度和品质长度指标）有明显影响，一般棉纤维短绒率为 12%～15% 时，成纱强力和条干将显著变差。

二、实验目的

了解罗拉式长度分析仪的结构，掌握罗拉式长度分析仪测定棉纤维长度的方法，掌握棉纤维长度各指标的计算方法。

三、仪器结构与原理

1. Y111 型罗拉式长度分析仪　Y111 型罗拉式长度分析仪的结构如图 1-4 所示。

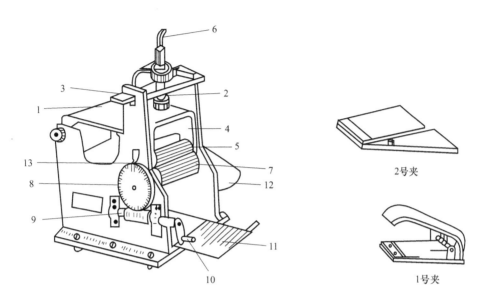

图 1-4　Y111 型罗拉式长度分析仪的结构

1—盖子　2—弹簧　3—压板　4—撑脚　5—上罗拉　6—偏心杠杆　7—下罗拉
8—蜗轮　9—蜗杆　10—手柄　11—溜板　12—偏心盘　13—指针

2. 原理　使用罗拉式纤维长度分析仪,将一段排列整齐的棉纤维束,按一定组距分组称重,再算出纤维长度的各项指标。

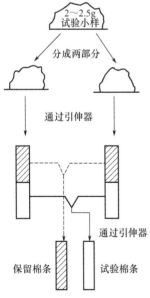

图 1-5　棉条的制备过程

四、实验步骤

1. 原棉试条的制备　原棉试条的制备过程如图 1-5 所示。将试验样品扯松、混合均匀,清除其中的不孕籽、破籽等较大杂质,然后分成两等分,分别通过纤维引伸器 4~5 次,制成两根棉条。再分别从横向将每根棉条一分为二,并将各半根合并(其中的两个半根合并后作为保留棉条)。再反复进行引伸,待纤维基本平直后,用镊子捡出籽屑、软籽皮、僵片、棉结及索丝等,然后再引伸 4~5 次,最后制成一根混合均匀、平直光洁的试验棉条,供长度(细度、强力、成熟度等)试验用。

纤维引伸器的罗拉隔距按棉纤维的手扯长度决定,见表 1-6。

表1-6　纤维引伸器罗拉隔距的调整

手扯长度（mm）	23~27	29~31	≥33
罗拉隔距（mm）	手扯长度+（7~8）	手扯长度+（8~9）	手扯长度+（9~10）

2. 调整仪器

（1）调整桃形偏心盘与溜板芯子，开始接触时指针应指在蜗轮的16分度上。

（2）检查溜板内缘至罗拉的中心距是否为9.5mm，如不符合此标准，则需将1号夹钳口至溜板原定3mm的距离予以放大或缩小。

（3）检查仪器盖子上的弹簧压力是否为6860cN及2号夹的弹簧压力是否为196cN。

（4）检查1号夹的钳口是否平直紧密，2号夹的绒布有无损伤、光秃等现象。

3. 取样　从原棉试条两边的纵向各取一个试样，每个试样的质量根据棉样手扯长度决定，见表1-7，试样应称准至0.1mg。为使试样具有充分的代表性，尽可能一次取准为宜，以免产生误差。

表1-7　试样质量的调整

手扯长度（mm）	23~27	29~31	≥33
试样质量（mg）	30	32	34

4. 整理棉束　将称准质量的棉束先用手扯整理数次，使纤维平直，一端整齐。然后用手捏纤维整齐一端，将1号夹从长至短夹取纤维，分层铺在限制器绒板上，铺成宽32mm、厚薄均匀、露出挡片的一端整齐、平直光滑、层次分明的棉束。整理过程中，不允许丢弃纤维。

5. 移放棉束　揭起仪器盖子，摇转手柄，使蜗轮上的零刻度与指针重合，用1号夹从绒板上将棉束夹起，移置于仪器中，移置时，1号夹的挡片紧靠溜板。用水平垫木垫住1号夹使棉束达到水平，放下盖子，松去夹子，栓紧盖子上的弹簧，使纤维受到6860cN的压力。

6. 分组夹取　放下溜板并转动手柄1周，蜗轮上的刻度10与指针重合。此时罗拉将纤维送出1mm，由于罗拉半径为9.5mm，故10.5mm以下的纤维处于未被夹持的状态，用2号夹陆续夹尽上述未被夹持的纤维，置于黑绒板上，搓成条状或环状，这是最短的一种纤维。以后每转动手柄2转，送出2mm纤维，同样采用上述方法将短纤维收集在黑绒板上，当指针与刻度16重合时，将溜板抬起，以后2号夹都要靠近溜板边缘夹取纤维，直至取尽全部纤维。夹取纤维时，依靠2号夹的弹簧压力，不得再外加压力。

7. 分组称重　将各组纤维放在扭力天平上称重，称准至0.05mg，列表记录试验结果。

五、实验结果计算

1. 计算各组的真实重量　所得的各组纤维，由于棉束厚薄不匀，纤维排列不完全平直，沟槽罗拉与胶辊不可能绝对平行，2号夹的夹持力不可能绝对均匀，而且纤维之间有抱合力等，使抽出的一定长度组纤维中包含比本组纤维长或短的一组纤维，故各组称得的质量必须进行修正。各组真实质量为：本组质量的46%，相邻较短的一组质量的17%，相邻较长的一组质量的 37%，这三者之和按以下经验公式计算：

$$g_i = 0.17G_{i-2} + 0.46G_i + 0.37G_{i+2} \qquad (1-1)$$

式中　g_i——某长度组的真实质量，mg；

　　　G_i——某长度组的称见质量，mg；

　　　G_{i-2}——短于某长度组 2mm 一组的称见质量，mg；

　　　G_{i+2}——长于某长度组 2mm 一组的称见质量，mg。

真实质量总和与称见质量总和相差不应该超过 0.1mg，否则要检查重算，要注意数字的修约。

2. 各项指标计算

（1）主体长度。是指纤维试样中数量最多（这里是指质量最重）的那一部分的长度。主体长度按式（1-2）计算：

$$L_m = (L_X - 0.5k) + \frac{g_x - g_{x-k}}{(g_x - g_{x-k}) + (g_x - g_{x+k})} \qquad (1-2)$$

式中　L_X——质量最大一组纤维长度组中值，mm；

　　　k——组距，一般为 2mm；

　　　g_x——质量最大一组的质量，mg；

　　　g_{x-k}——短于质量最大长度组 2mm 一组的质量，mg；

　　　g_{x+k}——长于质量最大长度组 2mm 一组的质量，mg。

（2）品质长度 L_p。是指比主体长度长的那一部分纤维的平均长度，又称右半部平均长度。品质长度按式（1-3）和式（1-4）计算：

$$L_p = L_X + \frac{2g_{x+2} + 4g_{x+4} + \cdots}{g_y + g_{x+2} + g_{x+4} + \cdots} \qquad (1-3)$$

$$g_y = g_x + \frac{L_X + 0.5k - L_m}{k} \qquad (1-4)$$

式中：　g_y——在最重一组中，长度大于主体长度那部分纤维的质量，mg；

g_{x+2}，g_{x+4}……——比主体长度长的各组纤维的质量，mg。

（3）基数 S。是以主体长度 L_m 为中心，前后 5mm 范围内的质量百分数之和，基数算准至 1，当组距为 2mm 时，基数按下式计算：

如果 $g_{x+k} > g_{x-k}$ 时：

$$S = \frac{g_x + g_{x+k} + 0.55g_{x-k}}{\sum g_i} \times 100\% \qquad (1-5)$$

如果 $g_{x+k} < g_{x-k}$ 时：

$$S = \frac{g_x + g_{x-k} + 0.55g_{x+k}}{\sum g_i} \times 100\% \qquad (1-6)$$

式中：$\sum g_i$——各组纤维质量之和，mg。

（4）均匀度 C。均匀度按式（1-7）计算，算准至 10：

$$C = S \times L_m \qquad (1-7)$$

（5）短绒率 R。指长度在某一界限及以下的纤维质量占总质量的百分率。

$$R = \frac{g_p + \sum g_{p-k}}{\sum g_i} \times 100\% \qquad (1-8)$$

式中：g_p——某一界限长度组的质量，mg；当主体长度大于 31mm 时，界限长度为 20mm；当主体长度为 31mm 及以下时，界限长度为 16mm；

　　　$\sum g_{p-k}$——某一界限长度组以下各组质量之和，mg。

六、注意事项

（1）在整理试样时，切勿丢失纤维，以免影响试验结果。

（2）在 2 号夹夹取试样后，应经常在绒板上用尺测量长度。如与该组不符合时，应检查原因，予以调整。

（3）仪器用完后，应做好清洗工作，将弹簧压力放松，使沟槽罗拉与加压皮辊相互离开。

（4）测定次数和重测。每份棉样测 2 次，当 2 次测定结果的主体长度和品质长度差值超过平均数的 4% 时，均需重测，重测的应从原棉条中取出。第 3 次测定结果和前 2 次测定结果的差值如果等于或小于平均数的 4%，则以第 3 次测定结果平均之；如果差值均大于 4%，则由差值等于或小于 4% 的两次测定结果平均之；如果差值均大于 4%，应检查原因，重新取样测定。

思考题

用 Y111 型罗拉式纤维长度分析仪测得棉纤维长度可得到哪些指标？纤维主体长度和品质长度的意义如何？

实验 5　Almeter 法测量纤维长度

试验仪器：Almeter 纤维长度分析仪

试样：纤维若干。

一、概述

一定质量、一定厚度且一端平齐的纤维束通过电容传感器时，电容量的变化与测试区内纤维试样的质量变化成比例关系，通过专用软件可算出纤维长度—质量分布和长度指标。

Almeter 电容式长度分析仪结构复杂，价格昂贵，需进口，维护保养要求高，费用高，但操作方便，试验精度高，可自动打印出多种长度指标信息。国内除少数科研机构和纺织院校拥有该设备外，大部分毛纺织企业采用梳片法，且为了方便，常以巴布长度计算为基础。但是，两种方法都可以求得毛纤维的 L_B、L_H、CV_B、CV_H 以及短毛率等。

二、操作步骤

1. 电脑的操作

（1）在 DOS 运行状态下屏幕显示 C：输入 P810 后回车。

（2）在 X：后输入 P 并回车，进入 Acquisition AL100 状态后按下回车键。

（3）在 LOT 处输入原料信息，回车。

（4）图表显示：YES，并回车。

（5）绘图：YES，并回车。

（6）批号：输入批号，并回车。

（7）驱动器 C：回车。

（8）操作员：输入操作者姓名。

（9）试验完成后，按退出键回到 Acquisition AL100 状态，选择 quit 退出。

2. AL 100 的操作

（1）按向下的箭头，将托板滑出。

（2）打开托板。

（3）用毡刷将托板米拉薄膜中间与后面的残留的羊毛清扫干净。

（4）在薄膜四面小心地擦上抗静电剂。

（5）使其干燥。

（6）干燥后，合上托板，并按下 "load/reset" 键。

（7）在小键盘区输入标尺号。

（8）按下 M/SPL 键。

（9）按下 "ADJUST" 键，进行调整。

（10）此时 "START" 键开始闪动。

（11）打开托板。

三、AL100 的操作

（1）用刷子将针板上残留的纤维清扫干净。

（2）取 1~1.5m 的毛条做测试。

（3）将两端对齐，平铺于针板上，另一端放于托盘中。两个头不要重叠，也不要将毛样加捻，同时小心手指不要碰到针板。

（4）确保样品置于针板中间且离两边有大约 1cm 的距离。

（5）将压耙沿针板缝插入，轻轻下压将毛样压入针板中。

（6）将毛样压好，拿走压耙并将上边盖盖上。

（7）摇动曲柄将毛样向前移大约 2cm，并同时确保曲柄垂直向上或向下。

（8）将取样器插入。

（9）在拔取开关上选择拔取 20 下。

（10）按下绿色开始开关。

（11）拔取完后，这次的毛样舍弃不用。将取样器拖出，将毛样拿下来，并用刷子轻轻刷取样器。

（12）插入取样器，在拔取开关上选择 10 次，按下绿色启动开关。

（13）打开托板，将取样器（含有 10 次拔取毛样）放到托板上，将压耙放到取样器上。

（14）用不锈钢板压住毛样，抬起取样器的前部，并轻轻向后滑动大约 2cm，注意不要弄乱毛样。

（15）轻轻放下米拉薄膜，合拢托板。

（16）按下启动开关。托板会进去并出来一次，此时屏幕显示读数。

（17）数值通过电脑自动打印出来或在 AL100 上手工查寻。

四、仪器的自校准

（1）分别将 7 号标尺和 5 号标尺板置于米拉薄膜上，使其侧面和底面与薄膜边缘充分吻合（长度键位置："LONG"用于 7 号标尺，"SHORT"用于 5 号标尺）。

（2）将标尺置于标尺板侧部。

（3）确信标尺号在上面，且右端与标尺板相平行，要小心轻放。

（4）轻轻挪开标尺板，并合上托板。

（5）按下"START"开始试验。

（6）标准 7 号尺的数据范围：H（mm）：118.7±1.0 CV_H（%）：53.2±0.8；标准 5 号尺的数据范围：H（mm）：60.3±0.5 CV_H（%）：47.1±0.8。

（7）校准数据在此范围内证明仪器可正常进行试验。

五、注意事项

（1）在试验前将仪器清扫干净。

（2）试验毛条不应有捻且不能在针区以外。

（3）操作时要小心，不能将针弄弯弄断。

（4）样品转移到测量区时，用力要轻，不要将 AL100 上的薄膜损坏。

（5）仪器表面灰尘应用细软清洁布进行擦拭。

思考题

Almeter 法测量纤维长度的原理是什么？指标有哪些？

实验 6　中段切断称重法测纤维细度

试验仪器：Y171 型纤维切断器（20mm）、扭力天平。

试样：不同的纤维若干。

试验用具：限制器绒板、钢梳、1 号夹。

一、概述

纤维细度是指纤维的粗细程度，是纤维非常重要的质量指标。纤维细度与纺纱加工和成纱质量关系密切。纤维细度指标有直接指标和间接指标。直接指标即纤维的直径，该法非常直观，用于圆形截面的纤维；间接指标有特克斯、公制支数、旦尼尔等，间接指标通过间接法来测量，主要有中段切断称重法、气流仪法、振动测量法等，比较简单直观的方法为中段切断称重法。

二、实验目的
通过实验，掌握中段称重法测定纤维线密度（细度）的方法及特克斯数的计算。

三、实验原理
将纤维排成一端整齐、平行伸直的纤维束，然后用纤维切断器在纤维中段切取一定长度（20mm）的纤维束，在扭力天平上称重，然后计数中段纤维的根数，计算公制支数和特数。流程如下：

梳理→切断→称重→数根数→计算

四、实验步骤
（1）取样。从试验条中取出1500~2000根纤维。

（2）整理纤维束。将取出的试样手扯整理2次，左手握住纤维束的一端，右手用一号夹子夹取纤维置于限制器绒板上，反复移置两次，最终整理成长纤维在下短纤维在上的一端整齐，宽5~6mm的纤维束。

（3）梳理。将整理好的纤维束用一号夹子夹住纤维束距整齐一端5~6mm处，先用稀梳后用密梳从纤维束尖端开始逐步靠近夹子部分进行梳理，梳去纤维束上的游离纤维，然后将纤维束移至另一夹子上，使整齐一端露出夹子外16mm或20mm，即按表1-8的技术要求梳理整齐端。

表1-8　纤维束梳理和切断时的技术要求

手扯长度	梳去短纤维长度（mm）	切断时整齐端外露长度（mm）
31mm及以下	16	5
31mm以上	20	7

（4）切取。将梳理好的平直纤维束放在Y171型纤维切断器上下中间夹板，纤维束与切刀垂直，两手捏住纤维束两端，均匀用力使纤维伸直但不伸长，然后握住手柄向下按入刀刃，使切下的中段纤维长为20mm。

（5）称重。用扭力天平分别称重，记录纤维束中段和两端纤维的重量，准确到0.02mg。

（6）数根数。较粗的纤维用肉眼直接计数，较细纤维借助显微镜计数。

注意：显微镜计数时，切片的制片：用拇指与食指夹持中段纤维束的一端，然后用镊子夹住纤维均匀地移置于涂有甘油的载玻片上，纤维一端紧靠载玻片边缘，每一载玻片可排成左右两行，排妥后用盖玻片盖上，直至把中段纤维排完。将载玻片放在显微镜下进行逐根计数，记下中段纤维的总根数。

五、实验结果与计算

根据纤维中段重量和根数，求出 tex 和支数。

思考题

1. tex 和公制支数的含义是什么？
2. 纤维细度与纺纱加工及成纱质量有什么关系？

实验7 纤维细度分析仪测纤维细度

实验7.1 YG002C 型纤维细度分析仪测纤维细度

试验仪器：YG002C 型纤维细度分析仪。

试样：不同的纤维若干。

试验用具：载玻片、盖玻片。

一、概述

YG002C 型纤维检测系统是全新一代纤维检测设备，该系统由计算机、摄像机、显微镜、检测软件组成。本系统采用先进的计算机数字图像信号处理技术，操作人员可以在计算机屏幕上观察纤维的形态，轻松、方便、精确、快捷地完成羊毛等纤维的检测工作。

YG002C 型纤维检测系统使操作人员彻底摆脱了传统的暗房操作方式，大幅度提高了工作效率，减轻了工作强度，避免了人为因素对测量结果的影响，是计算机技术、数字图像处理技术与毛纺织科技相结合的高科技产品。

与传统的细度测量仪器相比，该系统具有测量精度高、功能齐全、运算速度快、操作简便、输出内容完整准确、工作可靠等优点，可广泛用于毛纺业、纤维检验部门、商检系统、畜牧业等作羊毛、兔毛等动物纤维直径测量及各种天然纤维、化学纤维及各种羽绒的鉴别。本系统具有以下特点。

1. 操作简便 操作人员可对屏幕上观察到的纤维图像进行实时调整，实时测量。无须经过严格的专业培训，便可掌握操作方法。

2. 测量速度快 系统充分利用计算机的高速数字图像处理及数值计算功能，每个样品从开始检测到最终完成报表输出，时间仅需 15~30min。

3. 测量精度高 系统采用高精度细度测量算法，测量平均重复精度优于 0.1μm。

4. 测量手段丰富 系统支持手动测量、半自动测量等功能。可完成绵羊毛、山羊绒、兔毛、黏胶纤维、涤纶、丙纶、锦纶、苎麻、亚麻等 20 种纤维的检测及统计分析。

5. 高速快捷的数据统计分析功能 系统在测量的同时，可实时完成各种统计分析，并实时显示均值、标准差、CV 值及统计直方图。统计数据包括纤维的平均直径、均值、标准差、CV 值。测量结果可以存盘或打印输出。

6. 多种打印输出功能　可打印出数据结果和检测图像。

7. 电子表格功能　系统可直接将测量结果导入 Excel，可进一步完成各种电子表格及统计图形的制作与分析。

8. 测量结果的客观性　测量及统计分析完全由计算机自动完成，消除主现人为因素的干扰。

二、实验原理

将纤维排成一端整齐、平行伸直的纤维束放在盖玻片上，制片后经显微镜放大投影，采用先进的计算机数字图像信号处理技术，在计算机屏幕上观察纤维的形态，轻松、方便、精确、快捷地完成羊毛等纤维的检测工作。

三、操作方法

软件 FiberMeasureDlg.exe 运行后，屏幕上会出现操作界面（图 1-6）。

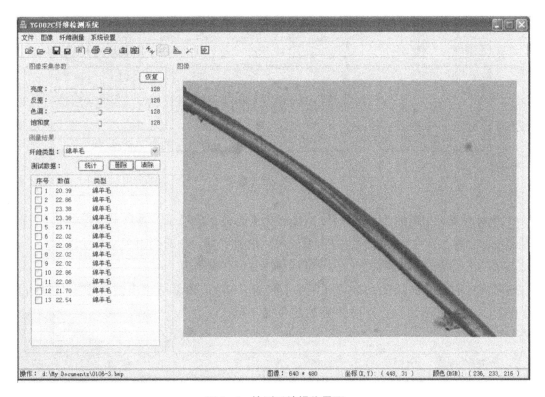

图 1-6　检测系统操作界面

1. 图像采集　运行软件 FiberMeasureDlg.ex，用鼠标点击图标 🔳，系统便进入图像采集状态。

2. 图像冻结　用鼠标点击图标 🔳，图像便被冻结。

3. 打开图像文件　用鼠标点击图标 🔳，便可完成打开图像文件操作。

4. 图像文件存盘 用鼠标点击图标■，便可完成图像文件存盘操作。

5. 系统标定 将测微尺沿水平方向放入视场，冻结图像。用鼠标点击图标◿，这时会弹出标定对话框及滑动标尺（图1-7），在实际尺寸编辑框中输入实际标尺尺寸，如100μm，调整滑动标尺，使其与测微尺刻度相重合，按确认键，便完成标定。标定结果会自动存盘，备以后使用。

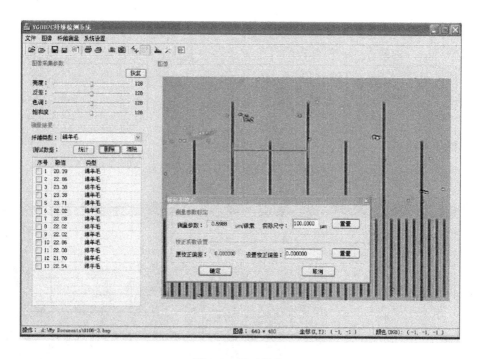

图1-7 尺寸标定

6. 手动测量 用鼠标点击图标✎，鼠标会从箭头变成尺子，将尺子图标中的十字中心对准羊毛的边缘，按住鼠标左键，向羊毛的另一边拉鼠标，这时会出现一个活动卡尺，将卡尺的两边与羊毛两边尽可能重合，松开鼠标键，便可完成测量。

这时测量的位置和长度会标记在羊毛上（图1-8），测量结果出现在测量结果列表中（图1-7）。重复上述过程，便可测量视场中的不同羊毛。

7. 半自动测量 用鼠标点击图标▱，然后用鼠标点击羊毛的一侧，按住鼠标左键，向羊毛的另一侧拖动鼠标，松开鼠标，测量软件系统会自动测量出羊毛的直径，并将结果在测量结果表中显示出来（图1-9）。

注意事项如下。

（1）为了提高测量精度，测量方向应尽可能与羊毛轴线垂直。

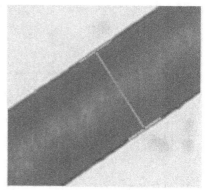

图1-8

（2）测量活动卡尺应卡在羊毛外边缘 3~15mm 处为宜。

（3）一般的，测量直径推荐采用半自动测量方式，手动测量会随人眼的误差产生变化。

8. 纤维类型选取　利用工具条中的下拉列表框，可随时设定纤维的种类（图 1-10）。

图 1-9　测量结果对话框

图 1-10　纤维种类选取

9. 检测结果存盘　【文件】菜单中选取命令：保存图像文件，保存检测结果便可进行存盘操作。数据结果保存可分为采集的图像文件保存和检测结果保存。

10. 检测结果打印　【文件】菜单中选取命令：打印图像，打印检测结果，系统会弹出打印选项对话框，便可将测量结果打印出来（图 1-11）。

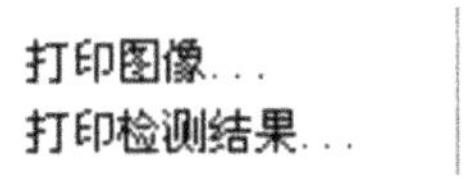

打印图像…
打印检测结果…

图 1-11　打印检测结果

11. 纤维品种添加编辑　在【系统设置】菜单中选取纤维品种维护，系统会弹出纤维品种维护对话框（图 1-12）。在其中可以添加新的纤维名称，然后保存即可。

12. 测量结果处理　测试结果对话框如图 1-13 所示。

（1）测量结果删除。选中要删除的测量结果项，点击删除按钮，便可将该项测量结果删除掉。

图 1-12　纤维品种添加编辑对话框

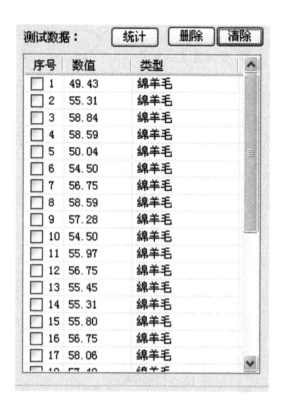

图 1-13　测试结果

（2）测量结果清除。按清除按钮，系统会清除全部测量结果。

13. 图像亮度、色调等设置　在检测软件的主界面上，有图像采集参数对话框。用鼠标调整其中的各参数，直至图像质量满足要求为止，一般以默认值即可。

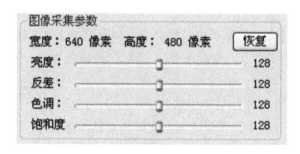

图 1-14　图像采集参数对话框

14. 系统测量结果校正　如果测量结果需要做校正处理，可以利用【系统设置】中的设定测量校正系数选项来完成。选中该选项，会弹出校正系数设置对话框（图 1-15）。如果希望将测量结果减少 2μm，可在校正系数设置对话框中输入-2.0，然后按确认键。如果希望将测量结果增加 2μm，可在校正系数设置对话框中输入 2.0，然后按确认键。按重置按钮则将校正系数清零。数据的校准仅对后面的测量有效。

15. 将测量结果导入 Excel　用鼠标点击图标 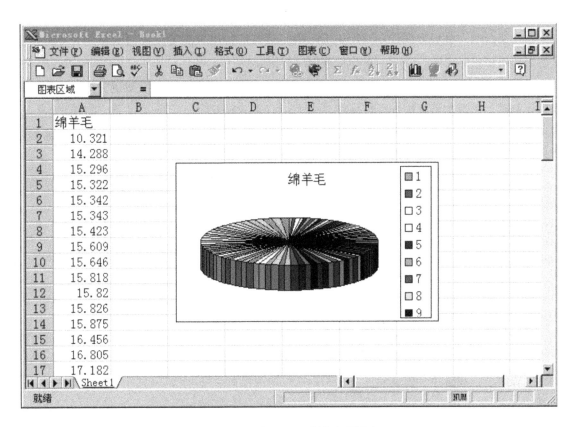，系统便会将测量结果导入 Excel，这时用户可利用 Excel 对测量数据进行各种统计分析，制作电子图表（图 1-16）。

图 1-15　校正系数设置对话框

图 1-16　利用 Excel 制作电子图表

四、关于检测方法和检测结果的几点说明

1. 检测顺序　一般情况下，检测系统的使用顺序为：开机（打开电脑、显微镜、摄像机电源），标定（通常情况下只在 10 倍物镜下工作），放置样品，调焦（使图像边缘清晰），测量，校对（将异常数据剔除），分析，输出检测结果。

2. 检测方法　系统提供了如下的检测方法：手动测量和半自动测量。下面分别介绍其特点。

（1）手动测量。手动测量完全由用户来控制测量位置和测量尺寸，这种方法的特点是可以使测量过程与人的主观判断保持一致，但测量速度较慢，且受人为因素影响，很难保证重复性测量精度要求。

（2）半自动测量。半自动测量由用户确定初步测量位置，系统自动完成精确测量。在 10 倍物镜条件下，对 $50\mu m$ 测微尺同一位置附近作 10 组三次测量，单组最大误差小于 $0.05\mu m$，最小误差小于 $0.01\mu m$，平均测量精度优于 $0.02\mu m$。

在对实际纤维测量时，由于存在各种噪声的干扰，另外纤维边界并非是平直的，所以测量结果不可能达到很高的精度。在测量时，系统要对测量数据进行分析判断，以最合理的结果作为最终测量结果。如果测量数据不合理，系统会放弃此次测量数据，并提示"选取点的区域不合适，请重新选择合适的区域"，直至确认测量数据合理为止。

尽管系统要对测量数据进行判断，实际中仍然有可能出现测量失误的现象。为此，待测量后需要对测量结果进行判别，对异常数据进行剔除。

3. 纤维图像聚焦调整　一般的，使用本仪器的人员须具有一定的显微镜使用方面的知识和操作基础。图像的清晰程度与焦距和光圈大小有关，在焦距一定的情况下，光圈越小，图像越清晰。但是，如果光圈太小，会使图像的整体质量降低，从而影响测量结果。正确的方法是先选好光圈，然后通过调整焦距来控制图像的清晰度。

为了得到准确的测量结果，在调整显微镜焦距时，应使纤维的边缘尽量清晰，呈细实线状。

思考题

YG002C 纤维细度分析仪的优点是什么？

实验 7.2　OFDA 100 型纤维细度分析仪测纤维细度

试验仪器：OFDA 100 型纤维细度分析仪。

试样：不同细度的羊毛纤维若干。

试验用具：载玻片、盖玻片。

一、概述

OFDA（Optic Fibre Diameter Analyser）是瑞士 Peyer 公司和澳大利亚新南威尔士大学研制的一种光学纤维直径分析仪，适用于圆形截面或近于圆形截面的动物毛和化学纤维细度的测量分析，直径测试范围为 $4\sim150\mu m$，可得到大子样（3000~100000 根纤维）平均直径、直径标准差、变异系数、直径频率分布图和粗纤维含量、粗纤维边界等指标。测试处理 3000 根有效纤维并获得各项指标所需时间仅 50 秒左右。

二、操作步骤

（1）开启仪器，预热 30min。

（2）试验前，用仪器配备的载物片检查焦距，如在测试中发现显微镜的聚焦不准，要将显微镜调至聚焦。

（3）将已在标准大气条件下调湿过的样品，用切样器切取一定长度的短纤维放到接收器皿内。

（4）分别从 5 个不同部位夹取一定数量的短纤维放到散布器中，在散布器的下方放置载物片，按下散布器的绿色按钮，散布器会将纤维均匀散布到载物片上，转动几秒钟后，按下红色按钮，散布器停止转动。

（5）将载物片放到 OFDA 100 载物台上。

（6）电脑在 c：\ >状态下输入 P810 并回车。

（7）进入 P810 画面后输入英文字母 O 并回车。

（8）将光标移到 Measure 位置并按下回车键。

（9）在 Operation 位置输入试验人员名字后按回车键；在 Sample ID 处输入毛条批号按回车键；在 Description 处输入毛条种类按回车键，仪器开始试验。

（10）仪器通过红外扫描自动检测纤维直径，保证检测的纤维根数大于 4000 根，且覆盖密度为 15%~25%。若不在此范围，需要重新制备样品，直到在允许范围内，才可以开始试验。

（11）试验完毕，将光标移到 File 位置，选中 exit，出现"Exit to system?"，输入 Y 即可安全退出本实验程序。

三、校准

（1）仪器每 3~6 个月用国际羊毛工业实验室联合会的 IH 标准毛条进行校准。出现以下情况之一的，也需要重新校准仪器：更换 IH 标准毛条、更换或维修仪器部件、调整仪器以及仪器位置移动。

（2）校准步骤。

①将 8 个 IH 标准毛条调湿 24h。

②将每个 IH 标准毛条按照操作步骤分别测试 8 个数据。

③电脑在 c：>状态下键入 cd OFDA 按回车键。

④在 c：/OFDA/calibrt 状态按回车键。

⑤在每列输入一种 IH 标准毛条的已知直径，下面输入 8 个测试结果及平均值，将 8 种标准毛条测试的 64 个数据按照毛条直径由细到粗的顺序依次输入。

⑥输入截距（offset）和斜率（slope）的上一次的校准数据后，计算机会自动计算出新的截距（offset）和斜率（slope）数据。

⑦将新的截距和斜率输入到电脑中保存。

⑧测定已知纤维直径的标准羊毛直径，使测试结果与已知值之间的差异在可接受的界限内。假如判断为不满意，则需重新进行校准。

四、注意事项

（1）将试验仪器放在稳固并且水平的试验台上。

（2）做试验前，先将仪器打扫干净。

（3）载物片应轻拿轻放，不要留下指纹印或者其他积垢在玻璃载物片上，这可能导致聚焦困难和测试数据不准。

（4）仪器表面灰尘应用细软清洁布进行擦拭。

思考题

比较 YG002C 型纤维细度分析仪和 OFDA 100 型纤维细度分析仪的区别。

实验 8　纤维卷曲性能测定

试验仪器：YG362A 型卷曲弹性仪。

试样：羊毛或化学纤维。

试验用具：镊子、黑绒板。

一、概述

卷曲弹性是纤维的一项重要物理指标之一，它对化学纤维的可纺性及织物成品都有明显的影响。YG362A 型卷曲弹性仪是天然纤维和化学纤维卷曲性能的专用测试仪器，可供纤维研究、生产及检验部门使用。该仪器采用单片机控制实现卷曲弹性仪的智能化，仪器测量系统由张力加载器进行加载，位移长度由步进电动机发出的脉冲信号通过单片机进行记数。该仪器能够自动测量，显示并打印纤维细度为 1~22dtex 的卷曲度、卷曲弹性、卷曲回复率及其统计值。

二、卷曲指标的内涵

1. 卷曲数　指每厘米长纤维内的卷曲个数，是反映卷曲多少的指标。一般化学短纤维的卷曲数为 12~14 个/25cm，羊毛的卷曲数随羊毛细度和生长部位而异。

2. 卷曲率　指纤维单位伸直长度内，卷曲伸直长度所占的百分率（或表示卷曲后纤维的缩短程度）。卷曲率的大小与卷曲数和卷曲波幅形态有关。一般短纤维的卷曲率在 10%~15% 为宜。

3. 剩余卷曲率　指纤维经加载卸载后卷曲的残留长度对卷曲伸直长度的百分率。反映卷曲牢度的指标，数值越大，表示回缩后剩余的波纹越深，即波纹不易消失，卷曲耐久。一般短纤维的剩余卷曲率为 70%~80%。

4. 卷曲弹性率　指纤维经加载卸载后，卷曲的残留长度对伸直长度的百分率。这是反映卷曲牢度的指标，其数值越大，表示卷曲容易恢复，卷曲弹性越好，卷曲耐久牢度越好，一般短纤维约为 10%。

三、仪器结构及工作原理

1. YG362A 型卷曲弹性仪　YG362A 型卷曲弹性仪如图 1-17 所示。

仪器的测力部分是一台张力加载器，安装在仪器上，用它对纤维施加不同的负载。

仪器的测量长度部分由单片机通过步进电动机带动蜗轮、蜗杆、螺旋以及下夹持器组成的传动装置来实现的，步进电动机的顺转、倒转、停止决定了下夹持器的降、升、停。当张力加载器加载时由步进电动机产生位移，下夹持器下降时纤维上所加的张力与张力加载器所给的载荷相等时光电检测发出信号，单片机接受到该信号后使电机停止，由此分别测得 L_0、L_1、L_2，其长度数值显示在显示管 LED 上，并在单片机内部进行计算，将计算得到的 J、J_D、J_W 送入打印机输出，每测量 20 次后自动将统计值（平均值、均方差、变异系数）由打印机输出。

图 1-17　YG362A 型卷曲弹性仪

2. 工作原理 卷曲度（卷曲率）、卷曲弹性及卷曲回复率是根据纤维在不同弹力下测定其长度。

图 1-18 中，L 为纤维在自由状态下的长度值；L_0 为纤维在 0.02mN/dtex 的轻负荷张力下测得的长度值；L_1 为纤维在 1.0mN/dtex 的重负荷张力下测得的长度值；L_2 为纤维在重负荷张力释放后，经一定时间（2min）恢复，再在 0.02mN/dtex 的轻负荷张力下测得的长度值。

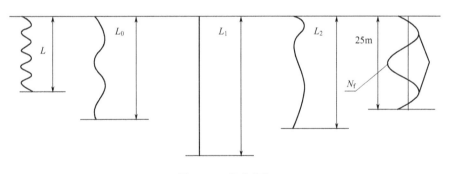

图 1-18　卷曲指标

卷曲的指标与计算公式如下。

（1）卷曲度（卷曲率）J。

$$J = \frac{L_1 - L_0}{L_1} \times 100\% \tag{1-9}$$

（2）卷曲回复率 J_W。

$$J_W = \frac{L_1 - L_2}{L_1} \times 100\% \tag{1-10}$$

（3）卷曲弹性率 J_D。

$$J_D = \frac{L_1 - L_2}{L_1 - L_0} \times 100\% \qquad (1-11)$$

（4）卷曲数 J_N。纤维在 0.02mN/dtex 的轻负载张力下，通过放大镜在 25mm 长度内测得卷曲个数：N_f 为左侧峰波数，N_g 为右侧峰波数。

$$J_N = \frac{N_f + N_g}{2} \qquad (1-12)$$

四、实验步骤

1. 准备工作

（1）仪器水平检查。观察仪器顶盖上水平仪，水泡应在中心圆内。若不在中心圆内，可调整水平调节脚。

（2）加载器平衡检查。开启电源开关，显示器显示 good，面板上各指示灯亮，表示仪器工作正常。5s 后显示器显示 20.0，指示灯除校正、平衡灯亮外，其余灯灭。

挂上上夹持器，转动加载器上读数旋钮，使读数指针对准零位"0"，再按顺时针方向打开制动旋钮，观察加载器上平衡指针与刻度盘上的检验线是否重合，面板上平衡指示灯是否亮。若正常，表示加载器平衡装置工作正常。若平衡指针与检验线不重合，须打开读数旋钮中间的塑料盖，用小螺丝刀转动中间螺丝，使其重合。若平衡灯不亮，在操作盒内调光耦与横臂的间距。

（3）预置长度的校正。

①校正要求。上下夹持器间距为 20.0mm，加载器处于"0"平衡状态，平衡指示灯亮。

②校正方法。将长为 20mm 的预置棒放在下夹持器的钳口平面上，按<校正>键，步进电动机带动下夹持器上升，上升指示灯亮，预置棒顶住上夹持器，平衡灯灭，上限开关接通，步进电动机停止，上升指示灯灭。随后步进电动机带动下夹持器下降，下降指示灯亮。当预置棒与上夹持器即将脱离时平衡指示灯亮，步进电动机停止，此时下夹持器所处位置为预置长度 20.0mm，单片机保存该位置，校正指示灯灭，显示器显示"01　0.00"。

校正结束后，将预置棒再次插入上下夹持器之间，预置棒上端与上夹持器刚好接触为宜，此时平衡灯亮。若以上检查不正常，应在操作盒内，调节光耦与横臂间距，重做校正直至达到要求。

每次开机通电时，必须做预置长度的校正，校正结束后，按逆时针方向关闭制动旋钮。

2. 测试　测试参数有卷曲度 J、卷曲回复率 J_W、卷曲弹性 J_D 和卷曲数 J_N。J、J_W、J_D 通过操作<选择>键自动测试，J_N 通过目测而得。

（1）卷曲度 J、卷曲数 J_N 测试。

①用上夹持器在纤维束中夹取一根纤维悬挂于张力加载上，然后用镊子将纤维的另一端置于下夹持器钳口中部夹住。

②开启制动旋钮，加轻负荷 0.02mN/dtex，此时加载器横臂上翘，平衡灯灭。按<下降>键，下夹持器下降，下降灯亮，同时加载器横臂下降。当加载器张力平衡时，平衡灯亮，下降灯灭，下夹持器停止下降，显示器显示 0L ××.×× (轻负荷伸长长度 L_0)。

③转动下夹持器顶部"25mm 长度指针"，通过放大镜目测 25mm 长度内纤维左右侧的峰波数，按式 (1-12) 计算卷曲数 J_N。

④旋转读数旋钮，加重负荷 1.0mN/dtex，此时加载器横臂上翘，平衡灯灭。按<下降>键，下降灯亮，下夹持器继续下降，同时加载器横臂也下降。当加载器张力平衡时平衡灯亮，下降灯灭，下夹持器停止下降，显示器交替显示 1L ××.×× (重负荷伸长长度 L_1)，0L ××.×× (轻负荷伸长长度 L_0)，J××.×× (卷曲度)。

⑤如果认为该数据有效需打印，按<打印>键，打印机自动打印出来本次测试值 J，打印结束后，下夹持器自动上升至初始位置，显示器显示"02 ××.××"。若不需要打印则按<上升>键，下夹持器自动上升至初始位置，显示器显示"02 ××.××"。关闭加载器制动旋钮，取下纤维，做好继续测试准备工作。

如果认为该数据无效或中途操作有误，则按<取消>键，下夹持器自动上升至初始位置，显示器显示"01 ××.××"。

⑥测试完 N 根纤维，第一次按<打印>键，打印本次测试值，第二次按<打印>键，打印 N 根统计值。当测试完成 20 根纤维，打印机自动打印 20 根纤维卷曲度 J 的统计值 (平均值、均方差、变异系数)。

(2) 卷曲回复率 J_W，卷曲弹性率 J_D 的测试。

①按一下<选择>键，J_W、J_D 的指示灯亮。

②选择定时，有 2min、1min、0.5min 三种时间循环可供选择。若选择 2min，按<选择>键，2min 定时灯亮。

③用卷曲度和卷曲数的方法测试 L_0 和 L_1。显示器显示 1L ××.××× (L_1)，2s 后进入定时 30s 状态，显示器显示"T 30"，且逐步减小。当 30s 时间结束后，下夹持器自动上升，上升指示灯亮。同时转动读数旋钮，去掉重负荷，加轻负荷 0.02mN/dtex。当下夹持器上升至上限位并且返回至初始位置，停止下降，仪器自动进入设定的 2min 定时状态，显示器显示"T 120"，且逐步减小。

当定时减小到"T 0"时，下夹持器自动下降，下降灯亮。当加载器张力平衡时，平衡灯亮，下降灯灭，下夹持器自动停止，显示器显示"2L ××.××" (当前纤维伸长长度 L_2)。2s 后，显示器轮流显示 J、J_W、J_D 值：J ××.××，J_D ××.××，J_W ××.××。

④如果认为该组数据有效，需要打印，按<打印>键，打印机自动打印出来被测纤维的 J、J_W、J_D 值，打印结束后，下夹持器自动上升至初始位置，上升灯亮。不需要打印，则按<上升>键，下夹持器自动上升至初始位置。关闭加载器制动旋钮，取下一个纤维，做好继续测试准备工作。

⑤当测试完 N 根纤维，第一次按<打印>键，打印本次测试值，第二次按<打印>键，打印 N 根统计值。当测试完成 20 根纤维，打印机自动打印 20 根纤维 J、J_W、J_D 的统计值 (平均

值、均方差、变异系数)。

五、注意事项

（1）轻负荷伸长长度 L_0。纤维在自然状态下夹持，且应使纤维轻负荷张力后的拉伸长度 L_0 满足 $26mm<L_0<30mm$ 较为适宜。若不符合要求，则按<取消>键，重新夹持另一根纤维再测试。

（2）上夹持器不能交替使用。若调换上夹持器，仪器必须做加载器平衡检查和预置长度的校正。

（3）必须在关闭加载器制动旋钮的条件下，取挂上夹持器。每次试验结束后，应及时关闭制动旋钮。

（4）悬挂上夹持器应小心轻放，以免加载器横臂变形。加载器为精密部件，不得随意拆装。

（5）当上夹持器夹持纤维后，应稍等片刻，待上夹持器静止后再开始测试。

六、实验结果

实验结果分别用卷曲数、卷曲率、卷曲回复率、卷曲弹性率这些指标的 20 次测定结果的平均数和变异系数表示。

思考题

反映纤维卷曲性能的指标有哪些？分别说明其含义。

实验9　棉纤维成熟度测试

棉纤维成熟度是指纤维细胞壁加厚的程度，成熟度是反映棉纤维品质的综合性指标。细胞壁越厚，其成熟度越高，纤维转曲多，强度高，弹性强，色泽好，相对的成纱质量也高；成熟度低的纤维，各项经济性状均差，但过熟纤维也不理想，纤维太粗，转曲也少，成纱强度反而不高。

棉纤维成熟度的测试方法有中腔胞壁对比法、氢氧化钠膨胀法、偏振光干涉法等。

实验9.1　中腔胞壁对比法测棉纤维成熟度

试验仪器：普通生物显微镜。

试样：棉纤维。

用具：黑绒板、载玻片、盖玻片、胶水、玻璃器皿、挑针、小钢尺、镊子、稀梳和密梳等。

1. 实验目的与要求　利用普通生物显微镜沿棉纤维纵向观察纤维，根据棉纤维的中腔宽度和胞壁厚度之比来决定棉纤维成熟度。通过实验，掌握测定棉纤维成熟度系数的方法，并熟悉不同成熟度棉纤维的外形特征。

2. 实验原理　棉纤维的成熟度用成熟系数表示。成熟程度不同，纤维中腔宽度与胞壁厚度比值即成熟系数也不同，把成熟系数不同的棉纤维制成相应的形态标样图。检验时把纤维置于显微镜下逐根观察，对照标样图确定成熟系数，并计算得出成熟系数的平均值。棉纤维的成熟度好，成熟系数就大。若将一根棉纤维横截面的周长 C 画成圆，则此圆的直径 D 可作为纤维的理论直径，如图 1-19 所示。用同样方法求出中腔的理论直径 d。计算棉纤维实际的横截面积 S_i，计算公式如下。

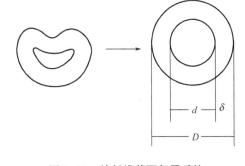

图 1-19　棉纤维截面复原后的理论直径和胞壁厚度

$$S_i = \pi/4\,(D^2 - d^2)$$
$$\delta = (D - d)/2 \qquad (1-13)$$

式中：δ——棉纤维壁厚，μm。

对照标样图确定成熟系数，并计算得出成熟系数的平均值。

3. 实验步骤

（1）整理棉束。取出 4~6mg 的试样。用手扯法加以整理使成一端整齐的小棉束。用纤维梳从纤维束整齐一端梳去短纤维。用手指捏住整齐一端纤维梳理另一端，舍弃棉束两旁纤维，留下中间部分 180~220 根棉纤维。

（2）制片。用绸布将载玻片擦拭干净，放在黑绒板上，在载玻片边缘上放一些胶水，左手捏住棉束整齐一端，右手以夹子从棉束另一端夹取数根纤维，均匀地排列在载玻片上，连续排列直至排完为止。待胶水干后，用挑针把纤维整理平直，并用胶水粘牢纤维另一端，然后轻轻地在纤维上面放置盖玻片。

（3）观察读数。用 400 倍显微镜沿载玻片纤维中部逐根观察。根据腔宽壁厚比值确定纤维成熟系数（表 1-9）。

表 1-9　腔宽壁厚比值对应纤维成熟系数

成熟度系数	0.00	0.25	0.50	0.75	1.00	1.25	1.50	1.75	2.00
腔宽壁厚比值	30~22	21~13	12~9	8~6	5	4	3	2.5	2
成熟度系数	2.25	2.50	2.75	3.00	3.25	3.50	3.75	4.00	5.00
腔宽壁厚比值	1.5	1	0.75	0.5	0.33	0.2	0	不可察觉	

4. 实验结果

$$M = \frac{\sum M_i n_i}{\sum n_i}, \quad P = \frac{N_j}{\sum n_i} \times 100\% \qquad (1-14)$$

式中：M——平均成熟系数；

　　　P——未成熟纤维百分率；

　　　M_i——第 i 组纤维的成熟系数；

　　　n_i——第 i 组纤维的根数；

N_j——成熟度小于 0.75 的棉纤维根数之和。

实验 9.2 氢氧化钠膨胀法测棉纤维成熟度

试验仪器：普通生物显微镜。

试样：棉纤维。

试剂与用具：18% 的 NaOH 溶液、载玻片、盖玻片、镊子、稀梳和密梳等。

1. 实验原理 将棉纤维浸入 18% 的 NaOH 溶液中，由于水、Na^+、OH^-，不仅能进入纤维的无定形区，而且会进入结晶区，从而引起纤维细胞壁的膨胀。根据膨胀后棉纤维的中腔宽度与胞壁厚度的比值及纤维形态，将棉纤维分类并计算其成熟比或成熟纤维百分率。

2. 实验步骤

（1）试样制备。

①从样品不同部位取 32 丛棉样，或从根据 GB 6097—2012《棉纤维试验取样方法》制备的试验棉条中取出纤维，组成 2 份约 10mg 的试验样品。

②将 2 份 10mg 的样品，分别由 2 个试验人员，用手扯或用限制器绒板将纤维整理成平行且一端整齐的棉束，先用稀梳，后用密梳进行梳理，细绒棉梳去 16mm 及以下的短纤维，长绒棉梳去 20mm 及以下的短纤维，然后从纵向劈开，分成相等的 5 个试验样品，每个试验样品约 2mg。

③用手指捏住试验样品整齐一端，梳理另一端，舍弃棉束两旁纤维，留下中间部分 100 根或以上的纤维。在载玻片边缘上粘一些水，左手握住纤维的一端。右手用夹子从棉束另一端夹取数根纤维，均匀地排在载玻片上，将 100 根或以上的纤维全部排列在载玻片上。

④用挑针拨动载玻片上的纤维，使之保持平行、伸直、分布均匀，然后轻轻地盖上盖玻片，并在其一角滴入 18% 氢氧化钠溶液，轻压盖玻片，使氢氧化钠溶液浸润每根纤维，并防止产生气泡。

（2）观察读数测定成熟度。调节显微镜，使纤维胞壁和中腔之间的反差增强，用 400 倍显微镜沿载玻片纤维中部逐根观察。按下列两种方法之一测定棉纤维成熟度，并分别记录每个试验试样的各类纤维根数。

①测成熟数度比。

正常纤维：经 18% 氢氧化钠溶液膨胀后，中腔呈不连续或几乎没有任何中腔痕迹的棒状纤维，没有轮廓分明的转曲，如图 1-20 所示。

图 1-20 正常纤维

死纤维：从无转曲、很少转曲或几乎没有纤维胞壁的扁平带状到胞壁稍有发育、转曲较多等各种形态，纤维胞壁的厚度等于或小于纤维最大宽度的 1/5。

薄壁纤维：经 18% NaOH 溶液膨胀后，不能划为正常纤维或死纤维的纤维。

②测成熟纤维百分率。

成熟纤维：发育良好而胞壁厚的纤维。经 18% NaOH 溶液膨胀后，呈无转曲的棒状纤维。

不成熟纤维：发育不良而胞壁薄的纤维。经 18% NaOH 溶液膨胀后，呈螺旋状或扁平状态，纤维胞壁薄且呈透明的纤维。纤维胞壁的厚度小于纤维最大宽度的 1/4。

3. 实验结果

（1）成熟度比 M。

$$M = \frac{N-D}{200} + 0.7 \tag{1-15}$$

式中：N——正常纤维的平均百分率；

$\quad\quad D$——死纤维的平均百分率。

最后计算两个试验人员测试的平均成熟度比。

（2）成熟纤维百分率 P_M。

在一样品中，成熟纤维占纤维总根数的平均百分率。

$$P_M = \frac{M'}{T} \times 100\% \tag{1-16}$$

式中：M'——成熟纤维根数；

$\quad\quad T$——纤维总根数。

成熟纤维百分率 P_M 与成熟度比 M 之间的换算公式如下：

$$P_M = (M-0.2) \times (1.565 - 0.471M) \tag{1-17}$$

思考题

1. 棉纤维成熟度与纺纱工艺、质量有何关系？

2. 中腔胞壁对比法和 NaOH 溶液膨胀法测棉纤维成熟度有何优缺点？

第三节　纺织纤维性能的测试

实验 10　烘箱法测定纤维材料的回潮率

试验仪器：YG747 型八篮烘箱及天平。

试样：棉、羊毛、蚕丝、苎麻、黏胶纤维、涤纶、锦纶、腈纶等各种纺织纤维。

一、概述

纺织材料的吸湿或放湿是一个普通的自然现象，同时又是一个动态平衡过程。纺织材料放湿平衡时，吸着的水分量是衡量纺织材料吸湿性的主要指标。纺织材料的吸湿不仅会引起材料本身的重量变化，而且会引起一系列的性质变化，这对商品贸易、重量控制、性质测定以及生产加工等都会有影响。大多数纺织纤维吸湿后有明显的横向膨胀、刚性降低、断裂伸长增加，强度、摩擦性能、导电性能等都会发生变化的现象，这些性质变化对纺织工艺及成品质量会造成不同程度的影响。因此，在纺织生产中必须合理控制各道工序车间的温湿度。纺织材料吸湿量的多少，决定于纺织纤维的种类和所处的大气条件。一般天然纤维吸湿性好，而合成纤维较差。因此，在测纺织材料的含湿量时，主要是从控制大气条件考虑。

纺织材料含湿量指标通常用回潮率和含水率表示。回潮率为湿重与干重之差与干重的比率；含水率为湿重与干重之差与湿重的比率。纺织材料含湿量的主要指标为回潮率（原棉检验中目前正向回潮率指标过渡）。纺织材料在标准大气条件下（温度为20℃±2℃，相对湿度为65%±2%）的回潮率，称为标准大气条件回潮率。各种纤维在标准大气条件下回潮率见表1-10。

表1-10 各种纤维的标准大气条件回潮率

纤维种类	回潮率(%)	纤维种类	回潮率(%)
羊毛	15~17	锦纶	4~5
蚕丝	12~13	腈纶	1.2~2
棉	8~9	涤纶	0.4
黏胶纤维	13~8	丙纶、氯纶	0
维纶	4.5~5		

国家为了贸易和成本核算等需要，由国家对各种纤维规定回潮率，称公定回潮率（表1-11）。

表1-11 各种纤维的公定回潮率

纤维种类	公定回潮率(%)	纤维种类	公定回潮率(%)
原棉	8.5	苎麻	12.0
洗净细羊毛	16.0	黄麻	14.0
洗净粗毛	15.0	亚麻	12.0
山羊绒	15.0	黏胶纤维	13.0
干毛条	18.25	铜氨纤维	13.0
油毛条	19.0	醋酯纤维	7.0
桑蚕丝	11.0	维纶	5.0
锦纶	4.5	氨纶	1.0
腈纶	2.0	丙纶、氯纶	0.0
涤纶	0.4		

二、实验的目的与要求

用天平称得纺织纤维的湿重，然后在一定烘箱内烘干纺织纤维，称得干重，通过计算求出纺织纤维的回潮率和含水率。通过试验掌握烘箱的基本结构原理和使用方法。建立在通常温湿度条件下，对不同纺织纤维回潮率大小的初步概念。

三、仪器结构及工作原理

1. 工作原理 利用烘箱法测定纺织材料回潮率的基本方法是电热丝加热，将烘箱内空气温度升高至一定值，水分蒸发于热空气中，烘箱内热空气中水分不断增加，用排气装置将湿热空气排出箱外，为纺织材料内所含水分不断蒸发散失创造条件。由于纺织材料内水分不断蒸发和散失，重量不断减少，当重量烘干不变时，即为纺织材料的干重。

2. 仪器结构 YG747 型烘箱的结构如图 1-21 所示。它由加热部分、温度控制部分、称重部分和其他辅助部分组成。加热部分是由发热量较大的电热丝组成，用来升高箱内的空气温度。当纺织材料烘干时，可将装有试样的铝烘篮放在链条天平的持钩上，称量试样干重。烘箱其他辅助部分包括铝烘篮转动装置和排气装置等。

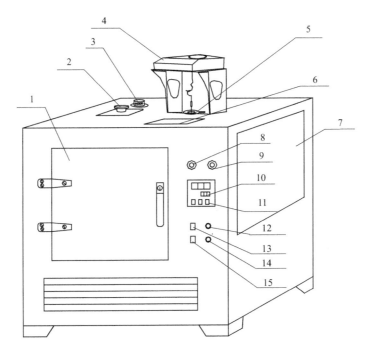

图 1-21 YG747 型烘箱的结构图

1—烘箱门　2—转篮手柄　3—排气孔　4—电子天平　5—称重孔　6—观察窗　7—电气柜
8—超温指示灯　9—工作指示灯　10—温控仪实际温度显示值　11—温控仪设定温度值
12—启动按钮　13—照明开关　14—停止按钮　15—电源开关

温控仪的部分：温控仪结构如图 1-22 所示。

（1）设置使用温度。打开加热开关（其指示灯亮），开始加热，仪表 PV 窗显示测量值，SV 窗显示设定值，同时进入自动温度控制状态。按"SET"键 0.5s，进入第一设定区，使 PV 窗显示"S□"，按"▲"键或"▼"键，使 SV 窗显示的数值为所需值，如所需控制温度为 100℃，使 SV 窗显示为 100 即可。再按"SET"键 0.5s，使 PV 窗显示"AL"，按"▲"

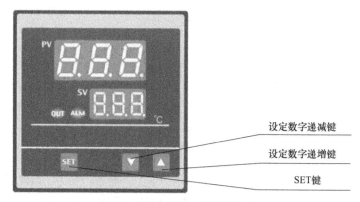

(a) 参数设定、修改界面

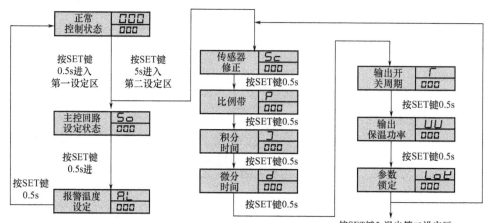

注：主控回路设定状态即烘箱的控制温度。

(b) SET键操作流程

注：第二设定区出厂时已校好，轻易勿动。

字符	名称	设定范围	解释	出厂设定值
So	主控设定	0～999	设定主控点数值大小	150
HCY	偏差报警设定	±99	设定报警点与主控设定点的相差值	50
Sc	传感器修正	±20	修正传感器与标准值的差值	0
P	转换差	0～99	位式仪表的切换差	1
	比例范围	1～999	设定比例带的大小	20
J	积分时间	0～999	设定积分时间	130
d	微分时间	1～999	设定微分时间	30
ſ	输出周期	1～99	设定输出开关周期继电器输出	20
			其他输出	2
UU	保温功率百分比	0～99	设定在控制点所需加温功率与全功率加温之比	20
Loｴ	设定锁	00	不锁	00
		01	锁定主控以外的设定参数	
		02	所有参数全锁定	

(c) 设置参数

图1-22　YG747型烘箱温控仪图

键或 "▼" 键，使 SV 窗显示的数值为所需值，如所需报警温度为 100℃，使 SV 窗显示 100 即可，再按 "SET" 键 0.5s 即退出，温度设定完毕。

（2）传感器修正。当认为包括传感器在内的控制系统出现误差而不能与更高精度等级的测量仪器取得一致时，可使用此功能，以取得一致。方法为：按 "SET" 键 5s，进入第二设定区，使 PV 窗显示 "SC"，按 "▲" 键或 "▼" 键，在 ±20 范围内设置一个与误差方向相反的相同数值，再按 "SET" 键 5s 退出即可。如偏高 3℃ 即设置 -3，如偏低 3℃ 即设置为 3。设置完毕后，依次修改所需修改参数。

四、实验步骤

（1）设定温度。打开电源开关（其指示灯亮），烘箱开始加热，升温指示灯亮（红色）。仪表 PV 窗显示测量值，SV 窗显示设定值，同时进入自动温度控制状态。温度设定好之后，此时温控仪显示烘箱内的实际温度和设定温度。当将要达到设定温度时，烘箱的加温指示灯和保温指示灯交替闪烁，此时进入 PID 控制状态（即断续加热，防止温度由于热惯性，超出设定温度）。

注：当箱内处于冷态时，在第一次升温的时候，温度有可能超出设定温度 2~3℃，属正常，稳定 1h 左右就会恢复正常。当达到设定温度时，保温指示灯亮（绿色），和加温指示灯交替闪烁，此时烘箱停止加热，进入恒温阶段。

纺织材料的烘干温度随纤维种类不同而改变。几种纤维所规定的烘箱内温度范围见表 1-12。

表 1-12 规定的烘箱内温度范围

纤维种类	烘箱温度范围(℃)	纤维种类	烘箱温度范围(℃)
蚕丝	140±2	氯纶	70±2
腈纶	110±3	其他纤维	105±3

（2）将试样放在天平上称重，每个试样重量为 50g，精确至 0.01g，称取时，动作必须敏捷，防止试样在空气中吸湿或放湿。

（3）将称好的试样用手扯松，扯样时下面放一张光面纸，扯落的杂质和短纤维应全部放回试样中。

（4）取下链条天平左方砝码盘和放盘的架子，换上挂钩和铝烘篮，校正链条天平至平衡。

（5）打开电源开关，按下 "启动" 按键，烘箱进入升温及恒温控制状态。待烘箱温度达到恒温时，打开烘箱前门，用手转动转篮手柄，将试样依次投入吊篮中，如试样不足 8 个，请将多余的烘篮内装入等量的纤维，否则将会影响烘干的速度。关闭烘箱前门（注：切莫忘记取下钩烘篮器上的篮子），烘箱加热 25min 时，按下 "停止" 按钮，1min 后，关闭排气孔，打开称重孔，开启照明灯，旋转 "烘篮" 手轮，用钩篮器钩住铝烘篮逐个称重，并记录每个试样的重量。再次开机前，切莫忘记取出钩篮器，以免拉坏天平。

（6）重新按下烘箱 "启动" 开关，使烘箱在设定温度下对试样继续进行恒温烘烤。将试样烘至30min。关闭总电源1min后关闭排气阀，开启照明开关13，旋转转篮手柄2，用钩篮器钩住烘箱逐一箱内称重，并做好记录，称重完毕后再开启总电源，打开排气阀，至规定温度后继续烘10min进行第二次称重，重量之差与后一次重量之比小于0.05%时，则后一次重量即为干燥重量。若两次称重的质量差大于第二次质量的0.05%，则应继续烘，直至重量之差与后一次重量之比小于0.05%。

（7）取出钩篮器，关闭伸缩孔，并将天平前门关好；关闭烘箱电源，打开箱门，取出铝烘篮及试样，然后换入新的待烘试样进行测试。

（8）计算纤维的回潮率和含水率、纤维重量和回潮率、含水率，计算至小数点后第二位。

五、注意事项

（1）箱内各部位超过规定温度控制部分20℃左右。

（2）在加减砝码和取放试样时，必须将天平煞住。

（3）称试样干重时，必须将烘箱总电源关闭。

（4）烘箱由室温开始加热时，应将总电源和分电源同时打开。当烘箱温度达到规定范围时，可将分电源关掉。

（5）称量干重时，速度要快，以免受箱内温度影响。

思考题

1. 烘箱的各主要组成部分及其作用如何？

2. 用烘箱法求得的干重是否是绝对干重？为什么？

3. 从实验结果归纳出纤维种类与吸湿性能间的关系。

实验11 纤维拉伸性能测试

试验仪器：YG004E型电子单纤维强力仪。

试样：棉、羊毛、苎麻、蚕丝、黏胶纤维、涤纶、锦纶、腈纶等各种纤维。

试验用具：黑绒板、梳子、张力夹、镊子。

一、仪器简介

本仪器是利用微机控制测试纤维拉伸性能的精密仪器，适用于各种天然纤维、化学纤维、特种纤维及金属特细丝等材料的拉伸性能测试。采用微机控制，大屏幕液晶显示，自动处理数据，对单根纤维做等速拉伸试验，并能显示、打印输出断裂强力、断裂伸长、断裂功、初始模量等多项指标。

适用标准：GB/T 5886—1986、GB/T 14337—2008、GB/T 13835.5—2009、GB/T 14337—2008、ISO 11566—1996、JIS R 7601—2006、JIS K 1477—2007等拉伸性能标准。

二、实验原理

1. 机械结构 YG004E型电子单纤维强力仪如图1-23所示。

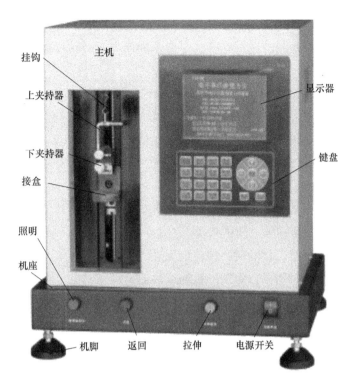

图 1-23　YG004E 型电子单纤维强力仪外观

在仪器主机机座上装有电动机，电动机动力经过减速机带动丝杠转动，丝杠转动推拉下夹持器做上下运动；在仪器上部居中位置安装有测力传感器、上夹持器、上夹持器连接力传感器。在试验状态下，将纤维试样置于上下夹持器之间，将上夹持器夹牢，下部由张力夹夹持，试样在张力夹的力值下伸直，夹紧下夹持器，按"拉伸"键，即可牵引纤维试样试验，试样被牵引至一定的伸长后就会断裂，试样断裂后下夹持器返回。

2. 检测原理　被检测试样的一端夹持在仪器上夹持器钳口内，另一端加上标准规定的预张力后夹紧下夹持器，同时采用标准规定的恒定速率拉伸（CRE）试样，试样被牵引至一定的伸长后就会断裂，试样断裂后传感器测得力值骤然下降，CPU 发出命令让下夹持器返回原处。拉伸过程中，由于夹持器和测力传感器紧密结合，此时测力传感器把上夹持器受到的力转换成相应的电压信号，经放大电路放大后，进行模数转换，最后把转换成的数字信号送入中央处理单元（CPU）进行处理，处理结果会暂存于随机存取存储器（RAM）中，并显示、打印。仪器可记录每次测试的技术数据，测试结束后，数据处理系统会给出所有技术数据的统计值，可显示、打印。

三、操作步骤

（1）打开仪器的电源开关。

（2）按设定键，选择参数设定。

（3）选择试样细度，在按设定键后，显示器会显示试样细度：*_*. * dT，在此状态下，按◄►键来左右移动数字下面的光标，来选择相应的位置，按▲▼键来加减光标上面的数字，按住▲▼键不放，可连续加减。设定好后，按设定键保存此数据并回退。按取消键保存此数据并回退。

（4）用夹子夹住纤维后夹入上下夹持器中，然后按下▼键，此时步进电动机开始下降，直到把纤维拉断，指示步进电动机开始快速上升到初始位置。显示器显示数值。

（5）测试完成后按下统计键，显示器显示平均值。

四、注意事项

（1）传感器是高灵敏器材，使用中要避免过载拉伸，上夹持器要轻拿轻挂，不用时应取下上夹持器和挂钩，以免影响强力测试精度。

（2）操作台应水平安置。试验时，仪器应无外部震动的影响。

（3）操作台丝杆应保持清洁，定期加机油或牛油。

（4）上、下夹持器使用一段时间后，若出现沟痕，需随时整修，保持夹持器面平整光滑，以免打滑或夹伤纤维。

思考题

纤维材料的拉伸断裂机理是什么？影响纤维材料拉伸断裂的因素有哪些？

实验 12 纤维摩擦性能测定

试验仪器：Y151 型纤维摩擦系数测定仪。

试样：天然纤维或化学纤维。

试验用具：镊子、黑绒板、梳子、张力夹。

一、概述

纺织纤维的摩擦性能不仅直接影响纺织工艺的顺利进行，而且与纱、织物的质量关系密切，特别是合成纤维广泛应用于纺织工业后，对纤维摩擦特性的研究也倍加关注。纤维的摩擦性能与纤维的表面结构、纤维表面的附加物（如棉蜡、糖分、油脂、油剂等）以及化学纤维中是否有消光剂有关。当纤维的表面结构具有方向性时，不同方向的摩擦系数有异，例如羊毛表面有鳞片，而且鳞片的排列有方向性，使顺鳞片的摩擦系数小于逆鳞片的摩擦系数，两者的差值越大，羊毛集合体的缩绒性就越显著。

二、仪器结构及工作原理

1. Y151 型纤维摩擦系数测定仪 Y151 型纤维摩擦系数测定仪结构如图 1-24 所示。

纤维的摩擦性能通常用摩擦阻力和摩擦系数表示。Y151 型纤维摩擦系数测定仪用于测定各种纺织纤维之间的动、静摩擦系数，也可测定纤维与金属或丁腈橡胶之间的动、静摩擦系数。

2. 工作原理 测量短纤维的摩擦系数一般用绞盘法。将单根纤维的两端加上同等预加张力夹，悬挂于仪器的圆柱测量头上，当圆柱测量头旋转时，因纤维与圆柱体表面存在摩擦现

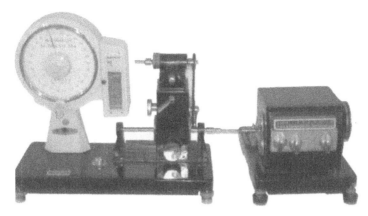

图 1-24　Y151 型纤维摩擦系数测定仪

象，随圆柱体转动方向一端的预加张力夹将向下滑动，落到随仪器的扭力天平秤钩上，测出摩擦力。

在一根圆柱的表面悬挂一根没有弹性伸长的绳子，如图 1-25 所示，并在它的 A 端加以固定的张力 f_0；如果在 B 端用牵引力 f 牵引绳子，那么，由于绳子与圆柱表面存在着摩擦，所以 B 端的牵引力 f 必然大于 A 端张力 f_0，根据欧拉公式：

$$\frac{f}{f_0} = e^{\mu\theta} \qquad (1-18)$$

式中：u——绳子与圆柱表面的摩擦系数；

　　　θ——绳子与圆柱表面的接触角（即包角，以弧度表示）；

　　　e——自然对数的底。

图 1-25

测定时，先在直径为 8mm 的金属芯轴上，均匀地包覆一层纤维，即构成摩擦用的纤维辊。然后在纤维辊上面挂一根纤维，纤维两端各夹一只重量为 100mg（或 200mg）的张力夹头，一只张力夹头跨骑在扭力天平秤钩上，另一只张力夹头是空挂着。当纤维回转时，由于纤维与纤维辊之间发生摩擦（动摩擦），纤维两端张力不平衡。扭力天平秤钩一端的纤维张力为 f_1（<100mg），另一端的纤维张力为 f_0（100mg），这时扭力天平指针偏向一边，为了测量扭力天平秤钩上受力大小，可扳动扭力天平手柄，使扭力天平零位指针回复到零位，这时扭力天平秤钩一端的纤维受力 $f_1 = f_0 - m$，m 为扭力天平的读数。

当 $\theta = 180°$ 时，$\theta = \pi$，代入公式（1-18）求 u：

$$\mu = \frac{\ln f_0 - \ln(f_0 - m)}{\pi}$$

或

$$\mu = \frac{\lg f_0 - \lg(f_0 - m)}{1.364} = 0.733\big[\lg f_0 - \lg(f_0 - m)\big] \qquad (1-19)$$

主要技术参数如下。

（1）扭力天平称量。250mg。

（2）圆柱摩擦辊直径。Φ8mm。

（3）摩擦辊转速：0.9r/min、12r/min、30r/min、50r/min、90r/min、220r/min、410r/min、720r/min。

三、实验步骤

1. 试验准备

（1）将试样先在标准大气条件下调湿，再将试样制成试验辊，试验辊制作的好坏是保证试验结果准确的关键。试验辊的表面要求光滑，不得有毛丝，不能沾有汗污，纤维要平行于金属芯轴，均匀地排列在芯轴表面。

（2）从试样中任意取出0.5g左右的纤维，用手整理成大致平行整齐的纤维束（注意手必须洗净，防止手中油汗污染纤维）。然后用手夹持纤维束的一端，用梳子梳理另一端，将纤维束中的纤维结和乱纤维梳掉，梳理完后再倒过来梳另一端，此纤维片的宽度约为30mm，厚度约为0.5mm。

（3）将纤维片用镊子夹到纤维成型板上，并使纤维片超出成型板上端边20mm，将此超出部分折入成型板的下侧，并用夹子夹住。

（4）成型板上的纤维片用金属梳子梳理整齐后，再用塑料透明胶带粘在成型板前端（即不夹夹子的一端），将纤维片粘住，胶带两端各留出5mm左右，粘在试验台上。去掉夹子，抽出成型板，将弯曲的纤维剪掉，使留下的纤维片长度在30mm左右，揭起粘在试验台上的塑料透明胶带左端，将其粘在金属芯轴顶端，旋转芯轴。这样用塑料透明胶带粘住的纤维片就卷绕在芯轴的表面，将露出辊芯上端（2~3mm）的胶带和粘住的纤维折入端孔，用顶端螺钉和垫圈固定，然后再用金属梳子梳不整齐的一端，使纤维平行于金属芯辊，均匀地排列在芯轴的表面，并用剪刀剪齐，从金属芯轴的右端套入螺母，从金属芯轴的左端套入螺钉拧紧（注意拧紧时只转动螺母而不能转动螺钉）。检查纤维辊表面层是否平滑，如有毛丝时则用镊子夹去，最后将做好的纤维辊插入辊芯架内，重复以上步骤共做5个纤维辊。

在测定纤维与金属或纤维与橡胶间的摩擦系数时，可直接将金属辊芯或橡皮辊芯插入主轴内孔。

2. 动摩擦系数的测定

（1）接通测试仪器的电源，打开扭力天平开关，校准扭力天平的零位。

（2）将准备好的纤维辊插进仪器主轴内孔，并用紧固螺钉固紧。

（3）在试样中任选一根纤维，在两端夹上100mg的张力夹头各一只，将其中的一个张力夹头跨骑在扭力天平秤钩上，另一个绕过纤维辊表面，自由地悬挂在纤维辊的另一端。如果被测纤维较粗，或卷曲数较多，可考虑选用200mg的张力夹头。

（4）调节纤维辊的前后左右、高低位置，以保证测试纤维在纤维辊上的包角为180°，并使测试纤维垂直悬挂，不能歪斜。

（5）调节纤维辊转速至30r/min，开动电动机，使扭力天平指针偏向右边，转动扭力天平手柄，直至扭力天平的指针回到中央，记录扭力天平上的读数。每根挂丝重复此测定操作

2~3 次，记录其平均值。每个纤维辊定要测挂 6 根丝，5 个纤维辊共测定 30 个数值，并分别记录，求出扭力天平读数的平均值，按公式（1–19）计算动摩擦系数值。

3. 静摩擦系数的测定　使纤维辊不转动，缓慢转动扭力天平手柄，直至纤维与纤维辊之间发生突然滑移，读取扭力天平指针开始偏转时扭力天平上的读数。测试次数与动摩擦系数相同。动摩擦系数与静摩擦系数交替进行，同一根纤维测定静摩擦系数后，可接着测定动摩擦系数。静摩擦系数的计算公式与动摩擦系数的计算公式相同。

四、注意事项

（1）在取样和测试过程中，手和用具要尽量干净，以免手汗和水分影响测试结果的准确性。

（2）在试验中要记录试验条件（张力夹头重量、纤维辊的转速和温湿度条件），因为条件不同，会有不同的试验结果。

思考题

1. 影响测试纤维摩擦系数结果的因素有哪些？
2. 动摩擦系数和静摩擦系数的测定方法有什么区别？

实验 13　羊毛油脂或化学纤维油剂含量的测定

试验仪器：YG981–3 型油脂快速抽出器。

试样：羊毛纤维若干。

一、概述

原毛和毛条需要测定油脂含量。原毛油脂含量与洗净率、洗毛工艺以及羊种培育等有关；毛条的油脂包括洗毛后的残留油脂和为后道纺织加工所施加的油剂。毛条的油脂含量，不仅影响毛条的重量，而且影响后道加工工艺。

化学纤维也需要测定油剂含量。化学纤维的油剂分纺丝油剂和纺织油剂。施加纺丝油剂仅仅是为了纺丝工艺的需要，在后道工序中将被洗去；再加上纺织油剂，使纺织工艺能顺利进行。纺织油剂因纤维品种和纺织加工工序要求而异，各种油剂的成分和配方并不相同。

二、仪器结构与工作原理

1. YG981–3 型油脂快速抽出器　YG981–3 型油脂快速抽出器如图 1–26 所示。

仪器由加压机构、提油筒、蒸发器、加热体和温控仪等组成。

该仪器适用于各种纤维所含油脂的快速提取，以测定油脂含量。适用于毛纺及化学纤维等行业的工厂与科研单位，尤其适合工厂用于生产工艺中含油量的控制。

本仪器根据日本残脂迅速抽出装置的原理，对加压系统和温控系统改造而成。

仪器的主要技术指标如下。

（1）加热装置温度控制范围。室温~199.9℃

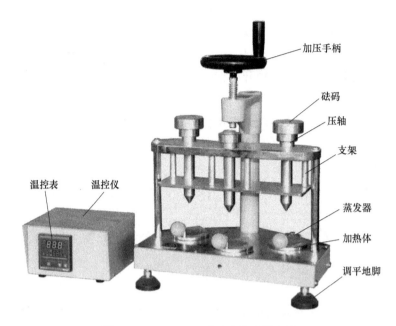

图 1-26　YG981-3 型油脂快速抽出器

（2）温度指示误差。±0.5%，（F.S±0.1）个字

（3）每次试样用量。2g×3。

（4）萃取剂用量。20mL×3。

（5）电源。AC220V±10%，50Hz。

（6）加热功率。100W。

（7）萃取时间。20~230min。

（8）外形尺寸。主机 350mm×240mm×520mm。

（9）重量。17kg。

2. 工作原理　在纤维中加入一定量的有机溶剂（乙醚、二氯甲烷等）使油脂充分溶解，然后用丝杠加压，挤出纤维，溶液滴落在一定温度的蒸发器上，待溶剂蒸发后称取残脂的重量，用规定的公式计算得到含油率。

三、实验步骤

（1）连接主机与控温仪，接通电源。

（2）设置温度（本机采用温控仪控制温度）。

（3）用精度为万分之一克的天平称取蒸发器的重量，然后把蒸发器放在加热装置上，并压好压圈。

（4）用镊子把 2g 试样放入提油筒内，用加压杆压实。退出加压杆，然后倒入 10mL 溶剂，盖好盖子，使溶液缓慢流出。

（5）当溶液不再流出时，将加压杆放入提油筒内，旋转丝杠的手柄逐渐加压，使溶液缓慢流出。

（6）挤干后，移去加压杆，再将10mL溶液加入提油筒内重复缓流、加压、挤出过程。

（7）待溶液挤干后，取出试样放在称量盒内，置于烘箱中，在100~110℃温度下烘至恒重即可称重。

（8）蒸发器内的溶液蒸干后，冷至室温即称重。

（9）计算：

$$含油率 = \frac{油脂重}{油脂取样重 + 油脂重} \times 100\%$$

四、注意事项

（1）打开仪器包装箱，去掉固定部件的绳索，将仪器从包装箱内取出安放好；检查是否有因运输过程震动等原因而使仪器产生松动、脱落、变形现象，并调整。

（2）仪器应放在稳固的基座上，使用环境无明显振源影响，温度20℃±15℃；相对湿度<85%，周围无腐蚀性介质及导电尘埃。

（3）仪器必须接地良好。在仪器外壳接地端处连接上地线，注意接地线要单独安装，不能同其他仪器共用地线。

思考题

影响羊毛油脂或化纤油剂含量结果的因素有哪些？

实验14 纤维比电阻测定

试验仪器：YG321型纤维比电阻仪。

试样：纤维若干。

试验用具：镊子、黑绒板及粗、密梳片、天平（精密度为0.01g）。

一、概述

合成纤维一般吸湿性能差，回潮率低，比电阻较高。未上油剂的化学纤维在加工过程中容易积聚静电，所以必须给予化学纤维一定油剂。测量化学纤维的比电阻是预测纤维可纺性能的重要方法。比电阻大的纤维，导电性差，在加工和使用过程中容易积聚静电，当纤维的比电阻大于$10^9 \Omega \cdot g/cm^2$时，静电现象就很显著。因此，为了使化学纤维顺利纺纱，化学纤维的质量比电阻一般控制在$10^9 \Omega \cdot g/cm^2$以内。

纤维的比电阻有表面比电阻、体积比电阻、质量比电阻之分。

（1）表面比电阻ρ_s（Ω）。指电流通过纤维表面时所产生的电阻值，用电流通过宽度为1cm、长度为1cm的材料表面时的电阻表示。

（2）体积比电阻ρ_v（$\Omega \cdot cm$）。指电流通过纤维体内时所产生的电阻值，用电流通过截面积为$1cm^2$、长度为1cm材料内部时的电阻表示。

（3）质量比电阻ρ_m（$\Omega \cdot g/cm^2$）。指电流通过长度为1cm、质量为1g的纤维束时的电阻。

通常用质量比电阻来表示纤维的导电性质。当检验合成纤维加油剂后的导电性能时，用质量比电阻更好。

二、仪器结构及工作原理

1. YG321 型纤维比电阻仪　YG321 型纤维比电阻仪结构如图 1-27 所示。

图 1-27　YG321 型纤维比电阻仪

2. 工作原理　根据电阻定律，导体的电阻 R 与导体的长度 l 成正比，与导体的截面积 S 成反比。导体的电阻和导体本身的物质结构有关，导体的电阻 R 可用式（1-20）计算：

$$R = \rho_v \frac{l}{S} \qquad (1-20)$$

式中：ρ_v——电阻率，也称体积比电阻，$\Omega \cdot cm$。

$$\rho_v = R \frac{S}{l}$$

由于在实际测量体积比电阻过程中，纤维之间存在空气，纤维在测量盒内所占的实际极板的面积不是 S 而是 S_f，f 为填充系数，可用式（1-21）计算：

$$f = \frac{V_f}{V_T} = \frac{\dfrac{m}{d}}{Sl} = \frac{m}{Sld} \qquad (1-21)$$

式中：V_f——纤维实际体积，cm^3；

　　　V_T——测量盒容器容积，cm^3；

　　　m——纤维质量，g；

　　　d——纤维密度，g/cm^3。

于是，纤维体积比电阻为：

$$\rho_v = R \frac{Sf}{l} = R \frac{m}{l^2 d} \qquad (1-22)$$

体积比电阻是电流通过体积为 $1cm^3$ 材料时的电阻值。质量比电阻是材料长 1cm、质量为 1g 时的电阻值。体积比电阻 ρ_v 与质量比电阻 ρ_m 的关系如下：

$$\rho_m = d\rho_v \quad\quad\quad (1-23)$$

纤维质量比电阻 ρ_m 的单位为 $\Omega \cdot g/cm^2$，其值为：

$$\rho_m = R\frac{m}{l^2} \quad\quad\quad (1-24)$$

三、实验步骤

1. 使用仪器前的准备 YG321 型纤维比电阻仪的面板如图 1-28 所示。

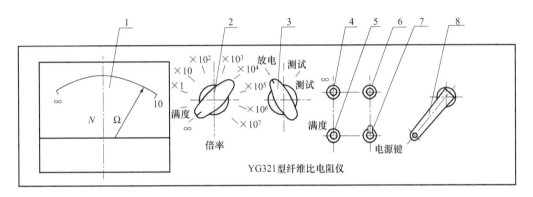

图 1-28 YG321 型纤维比电阻仪面板

（1）使用前，仪器面板上各开关位置应如下：电源开关 7 在关的位置，倍率开关 2 在∞处，"放电—测试"开关 3 在"放电"位置。

（2）将仪器接地端用导线妥善接地，检查电源电压应为 220V±22V。

（3）将仪器接通电源，合上电源开关 7，指示灯 6 亮，将"放电—测试"开关 3 放在"测试"位置，待预热 30min 后慢慢调节"∞"电位器旋钮 4，使表头 1 指在"∞"处。

（4）将"倍率"开关 2 拨至"满度"位置，调节"满度"电位旋钮 5，使电表指针在满度位置。

（5）这样反复将"倍率"开关 2 拨至"∞"处和"满度"位置，检查仪表指针是否在"∞"处和"满度"位置，调试时，不允许放入测量盒。

2. 试样准备 将被测纤维试样 50g 用手扯松后，置于标准大气（20℃±2℃、相对湿度 65%±2%）条件下平衡 4h 以上，用精度为 0.01g 的天平称取每份试样重 15g，共 3 份，以备测试时使用。

3. 试验

（1）测试时从机箱内取出纤维测试盒，用仪器专用钩子将压块取出，用大镊子将 15g 纤维均匀地填入盒内，推入压块，把纤维测量盒放入仪器槽内，转动摇手柄 8 直至摇不动为止。

（2）将"放电—测试"开关 3 放在"放电"位置，待极板上因填装纤维产生的静电散逸后，即可拨到"测试"位置进行测量。

（3）测试电压选在 100V 档，拨动"倍率"开关 2，使电表 1 稳定在一定读数上，这时表头读数乘以倍率即为被测纤维的电阻值 R。为了减少误差，表头应尽量取在表盘的右半部分，否则可将"放电—测试"开关3放在50V档，注意这时测得的电阻值应缩小一半，即表头读数×倍率×1/2。

四、实验结果的计算

按照下式计算纤维的体积比电阻 ρ_v 和质量比电阻 ρ_m：

$$\rho_v = R\frac{m}{l^2 d} \tag{1-25}$$

$$\rho_m = R\frac{m}{l^2} \tag{1-26}$$

式中：R——测得纤维的平均电阻值，Ω；

m——纤维质量，15g；

l——两极板之间的距离，2cm；

d——纤维密度，g/cm^3。

五、注意事项

（1）为使仪器能正常工作，仪器的接地端必须良好接地。

（2）高阻抗直流放大器中的DC-2静电计管和标准电阻、纤维测试盒等不要任意拆卸并需保持清洁，如有污物可用四氯化碳小心擦拭干净。

（3）在测试较高电阻值的纤维时往往会出现指针有不断上升的现象，这是由于纤维介质的吸收现象所致，并非仪器不稳定，若在很长时间内未能稳定，则一般情况下建议以通电后1min的读数作为被测纤维的电阻值。

（4）当被测纤维比电阻可疑时，需将仪器对标准电阻进行测量。如测量数值是正确的，则需将测试盒的两块极板抽出，用四氯化碳擦拭其中四氯乙烯及两块电极板上的残留抗静电剂，然后插入使用。

（5）仪器在接通电源的瞬间，表头指针会一下子打过满度或打向负方向，并要稍等一下才慢慢退至零点，这是因为在接通电源瞬间，DC-2静电计管需预热一段时间，而集成运算放大器不需要预热即有输出而引起的，属正常现象。

思考题

表示纤维导电性能的指标有哪些？

第二章　纱线的结构与性能测试

实验1　纱线细度的测定

实验1.1　纱支测长仪测纱线线密度

试验仪器：YG112型纱支测长仪。

试样：纱线若干。

一、概述

纱线的线密度（细度）是表示纱线的粗度程度的指标，纱线线密度决定着织物的品种、风格、用途和物理机械的性质。线密度低的纱线其强力一般较低，织物的厚度轻薄，单位面积的重量也较轻，适于作轻薄性衣料；线密度高的纱线，其强力则较高，织物厚实，单位面积的重量也较重，故适于作中厚型衣料。

纱线的线密度指标有两类，即直接指标和间接指标。直接指标用纱线的直径来表示；间接指标是利用纱线的长度和重量间的关系来间接表示纱线的线密度。

YG112型纱支测长仪主要适用于测定毛机织物、毛针织物和纱线织前长度，以供计算其线密度和编结密度系数；还可以测定弹性纱、膨体纱的弹性。适用标准：ISO 7211—3—1984。

二、实验目的与要求

掌握纱线线密度的指标并进行细度指标间的换算；掌握纱线线密度的测试方法。

三、仪器结构

纱支测长仪的结构示意图如图2-1所示。

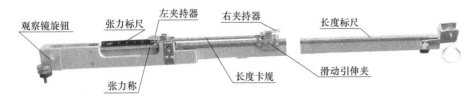

图2-1　纱支测长仪的结构示意图

四、实验方法与步骤

1. 仪器调试

（1）张力零位调节。在游铊处于零位时，滑杆端部刻线与测力架刻线对齐。如不对齐，调节张力称上配重块上的调节螺钉，使之对齐（图2-2）。

（2）长度标尺定位。将长度卡规安装在左夹持器和滑动引伸夹之间，移动滑动引伸夹，使张力称端部刻线与测力架刻线对齐，这时滑动引伸夹上的红色刻线应对准长度标尺150mm刻线处（图2-3）。

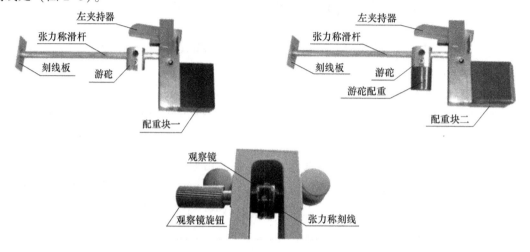

图 2-2　张力称示意图

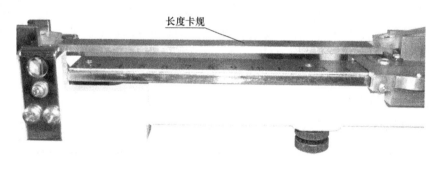

图 2-3　长度卡规安装图

（3）预加张力的校验。测长仪预加张力设置为二档，张力标尺刻度设置为白色、红色两种；白色预加张力范围为0~30cN，红色预加张力范围为0~150cN。

将专用检具按图2-4安装，张力称上的配重块为黑色，游铊下方不加装红色配重块，移动游铊使游铊顶部刻线对准白色张力标尺（0~30cN）刻度5cN处，挂上力值砝码盘（力值砝码盘5cN），将砝码盘吊线用左夹持器夹牢，这时张力称端部刻线与测力架刻线应对齐；依照上述方法在力值砝码盘中先后放置5cN、10cN、20cN、30cN的力值砝码，对白色标尺的各点进行校验。

将张力称上的配重块换为红色，游铊下方加装红色配重块，依照上述方法对黑色张力标

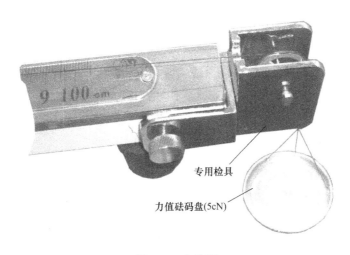

专用检具

力值砝码盘(5cN)

图 2-4 安装图

尺（0~150cN）进行校验。

张力示值误差≤±4%。

2. 检测方法 取一组纱线（10 根），进行测长，根据方法标准的要求调整游铊和张力称上的配重，移动游铊至所需预加张力，将一根纱线的一端夹在左夹持器内，另一端夹在右夹持器内，除去左右夹持器外多余的纱线，调整观察镜的角度至能清晰地观察到游砣顶部刻线和测力架刻线，移动滑动引伸夹，当从观察镜观察至张力称端部刻线与测力架刻线对齐时停止移动滑动引伸夹，这时滑动引伸夹上的红色刻线所对准长度标尺的读数即为该被测纱线的长度。取下已测完的试样，继续按上述方法完成剩余试样的测定。参考标准 ISO 7211—3—1984 计算所需数值即可。

思考题

用来评价一批纱线的线密度指标有哪些？

实验 1.2 缕纱测长仪测纱线线密度

试验仪器：YG086 型缕纱测长仪。

试样：纱线若干。

一、概述

因为纱线是柔性体，截面并非圆形，在不同外力作用下可能呈椭圆形、跑道形、透镜形等形状。纱线的理论直径通常是由纱线的线密度换算而得。纱线表面有毛羽，截面形状不规则，且容易变形，较难直接测量，故纱线的线密度常用间接指标表示。纱线线密度间接指标有定长制（特克斯和旦尼尔）和定重制（公制支数、英支支数）两种。定长制是指一定长度纱线的重量，它的数值越大，表示纱线越粗。定重制是指一定重量纱线的长度，它的数值越大，表示纱线越细。

我国法定计量单位线密度的单位为特克斯（tex），它是指 1000m 长纱线在公定回潮率时的重量克数。目前，我国棉纱线、棉型化学纤维纱线和中长化学纤维纱线的线密度规定采用特克斯为单位。采用绞纱称重法来测定纱线的特数：绞纱周长为 1m，每缕 100 圈，每批纱线取样后摇 30 绞，烘干后称总重量，将总重量除以 30，得每绞纱的平均干量。根据下式可求得所测纱线的线密度，单位为特克斯（tex）。如下：

$$Tt = 10G_0 \times \frac{100 \times W_K}{100} \tag{2-1}$$

式中：Tt——纱线的线密度，tex；

　　G_0——绞纱平均干态质量，g；

　　W_K——纱线的公定回潮率。

在毛纺和绢纺生产中，习惯采用公制支数为单位，以往曾采用以公制支数为单位。采用绞纱称重法来测算纱线的公制支数：绞纱周长为 1m，每绞精梳毛纱为 50 圈，长 50m；每绞粗梳毛纱为 20 圈，长 20m，每批纱取样后摇 20 绞，烘干后称总重，求得每绞纱的平均干态质量后，按式（2-2）计算所测纱线的公制支数：

$$N_m = \frac{L}{G_0} \times \frac{100}{100 + W_K} \tag{2-2}$$

式中：N_m——纱线的公制支数；

　　L——绞纱长度，m；

　　G_0——绞纱平均干态质量，g；

　　W_K——纱线的公定回潮率。

常见纤维的公定回潮率见表 2-1。

表 2-1　各种纤维的公定回潮率

纤维种类	公定回潮率（%）	纤维种类	公定回潮率（%）
原棉	8.5	苎麻	12
洗净细羊毛	16	黄麻	14
洗净粗毛	15	亚麻	12
山羊绒	15	黏胶纤维	13
干毛条	18.25	铜氨纤维	13
油毛条	19	醋酯纤维	7
桑蚕丝	11	维纶	5
锦纶	4.5	氨纶	1
腈纶	2	丙纶、氯纶	0
涤纶	0.4		

二、实验目的与要求

掌握纱线线密度的指标并进行细度指标间的换算；掌握纱线线密度的测试方法。

三、仪器外观图及结构示意图

YG086 型缕纱测长仪外观图如图 2-5 所示，YG086 型缕纱测长仪结构示意图如图 2-6 所示。

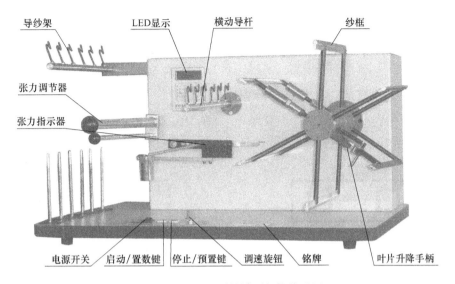

图 2-5 YG086 型缕纱测长仪外观图

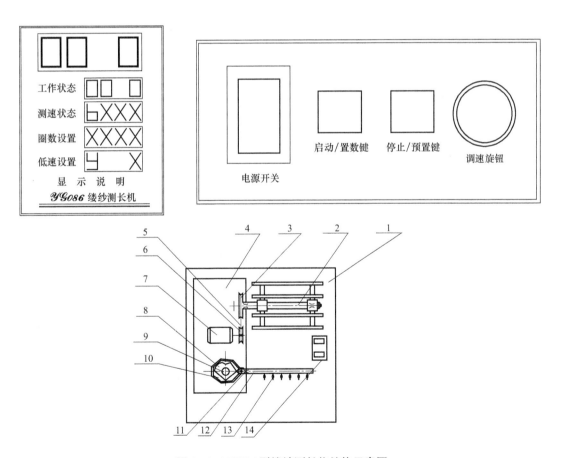

图 2-6 YG086 型缕纱测长仪结构示意图

1—底板 2—纱框装置 3—三角带轮 4—机箱组件 5—三角带 6—电动机带轮 7—直流电动机 8—凸轮
9—凸轮芯轴 10—电动机 11—铜套 12—导纱架 13—导纱钩 14—开关面板

四、实验步骤

1. 圈数设置 以摇取纱线 123m 为例（一圈为 1m 长）

（1）接通电源，开机显示"LLDY"字样，5s 后 LED 显示"00 0"，进入实验状态（图 2-7）。

（2）按住"停止/预置"键 3s 后，LED 显示"100."，即为出厂设置的圈数（100 圈）。小数点"."在个位表示修改个位；小数点"."在十位表示修改十位；小数点"."在百位表示修改百位（图 2-8）。

图 2-7   图 2-8

（3）当小数点"."在个位时，每按一次"启动/置数"键，个位数变化一次，0~9 循环，将个位数设置为"3"（图 2-9）。

（4）按"停止/预置"0.5s，小数点"."移至十位，用"启动/置数"键将十位数设置为"2"（图 2-10）。

图 2-9   图 2-10

（5）同理将百位数设置为"1"。

2. 减速圈数设置

（1）按"停止/预置"键，直至 LED 显示出现"Y 3"（图 2-11），"3"代表在纱线到达设定圈数时，提前 3 圈减速（本仪器可设置的减速范围为"1~5"圈）。

（2）出现"Y 3"后，用"启动"键可以修改减速圈数，一般设置为"2"圈或"3"圈，继续按一下"停止/预置"键，退出修改减速圈数状态，LED 显示"00 0"，即为实验状态。

3. 转速调整

按"启动"键，使纱框转动，然后，再按一下"启动/预置"键，显示"b×××"（图 2-12），其中"×××"即为实时转速。调整调速旋钮，使转速在所要求的范围之内。按"停止/预置"键使电动机停止转动，再按一下"停止"键，使系统清零，LED 显示"00 0"实验状态。

图 2-11   图 2-12

4. 张力调整　本机张力游砣标尺上的张力数值是指在同时摇取 6 根纱线时单根纱线的张力。同时摇取 6 根纱线时，则将游砣移至标准规定的张力值即可。如摇取的纱线少于 6 根时，则依据式（2-3）计算所需数值。

$$T=\frac{1}{6}nf \tag{2-3}$$

式中：T——摇取少于 6 根纱时，张力标尺上须设置的张力数值，cN；

　　　n——同时摇取的纱管数；

　　　f——标准规定的单根摇纱张力。

调整张力时，将纱路图连接至纱框，按上述方法计算出摇纱张力后，将张力指示器游砣移至需要的张力值上，开机后转动张力调节器调节张力，当张力指示器指针在面板刻线处上、下少量波动时，张力指示器上设置的张力即为摇纱张力。纱路图如图 2-13 所示。

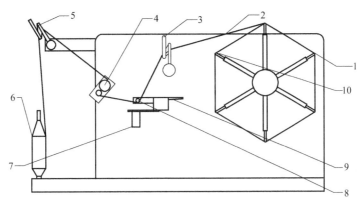

图 2-13　纱路图

1—纱框　2—纱线　3—摇纱横动导纱钩　4—张力调整器　5—导纱钩
6—管纱　7—张力游砣　8—张力杆　9—张力指针　10—压纱片

5. 实验　按需要设置好张力指示器游砣及摇取的纱线圈数，将纱线按照纱路图所示引至纱框的压纱片上压住纱线，按动"启动/置数"键，纱框转动，开始绕取纱线。调节张力调节器，使张力指针在零位红线处波动，当纱框旋转达到设定圈数时自停，LED 显示"010"，（01 表示实验次数）；扳动"叶片升降手柄"，降下叶片取下摇好的缕纱（图 2-14）。

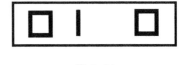

图 2-14

按上述方法继续实验直至完成需要的实验次数。

6. 取纱线样本　按要求取纱线样本，并称量每缕纱线重量。

7. 实验结果计算　按照公式（2-1）或公式（2-2）进行数据处理，计算实验结果。

注意：混纺纱线的公定回潮率，是按混纺组分的纯纺纱线的公定回潮率（%）和混纺比例加权平均而得，取一位小数，以下四舍五入，其计算公式如下：

$$W_{混}=\sum W_i P_i \tag{2-4}$$

式中：W_i——混纺纱中第 i 种纱线的公定回潮率；

  P_i——混纺材料中第 i 种纱线的干重混纺比。

思考题

混纺纱公定回潮率下的纱线细度如何计算？

实验 2　黑板条干法测纱线细度不匀

试验仪器：YG381M 型摇黑板机。

试样：纱线若干。

一、概述

纱条的条干不匀可按其表观的粗细或外径大小反映，也可用其物理意义的单位长度的质量来反映。由于纱条的截面不是理想的圆形，在三维空间外观的粗细和外径并不相同，因此，以表观几何形态表示条干不匀。用物理意义表示的条干不匀，相对比较稳定。由于纱条捻度分布有向纱条细节集中的趋势，因而粗细处的纱条密度并不一致，造成表观形态的条干不匀，与物理意义的条干不匀并不完全一致。

黑板检测条干不匀是传统的经典的方法。它直接用目视检测纱线表观在黑板上形成的粗细不匀的程度、数量、阴影的深浅，对照标准样照定性评定等级（分优等、一等、二等），同时可观察有否规律性等特征，它具有直观、方便、快速等优点，国外也常用梯形黑板现场检测是否存在周期性不匀。周期性不匀会在黑板上形成 V 形图状，据此可量出周期波的波长，推断其产生的原因，非常实用。

二、仪器要求与实验原理

1. 仪器要求

（1）黑板由塑料板制成，尺寸为 18cm×25cm×0.2cm，板面黑度应均匀一致，表面光滑。反面贴有绒布条，上下端距短边约 3cm。

（2）摇黑板机能均匀排列纱条，密度可调节，密度允差为 ±10%。摇黑板机上除游动导纱钩及保证均匀卷绕的装置外，不得装有任何影响棉结杂质的机件。

（3）检验室和评级台应符合标准要求。

2. 实验原理　按一定密度将纱线均匀地绕在黑板上，共摇 10 块黑板，然后在规定的检验条件下，将其与标准样照对比观察，进行评定。

该法检测的是纱线的外观质量。对于不同种类的纱线，其外观质量的内涵略有不同。这里主要介绍棉及化学纤维纯纺、混纺纱线的黑板条干检验法。毛纱及其混纺纱的黑板条干检验，参见 FZ/T 40003—2010。

三、实验步骤

（1）取样。随机取样，每个品种检验 1 份试样，每份试样取 10 个卷装，每个卷装摇 1 块黑板，共检验 10 块黑板。

（2）根据纱线品种和粗细，调节摇黑板机的绕纱间距，见表 2-2。

表 2-2　样照分组与绕纱密度

样照分组	细度［tex（英支）］	绕纱密度［根/cm］
1	5~7（120~75）	19
2	8~10（74~56）	15
3	11~15（55~37）	13
4	16~20（36~29）	11
5	21~34（28~17）	9
6	36~98（16~6）	7

注　1. 纯棉与化学纤维混纺纱标准样照共 6 组。
　　2. 纯化学纤维及化学纤维之间混纺标准样照共 5 组，从第二组开始。

（3）试样摇在黑板上，绕纱密度应均匀，排列要整齐。必要时可用手工修整。

（4）选择与试样组别对应的标准样照 2 张，样照应垂直平齐放入评级台支架上。

（5）检验者（目力正常）与黑板的距离为 1m±0.1m，视线应与纱板中心水平。

（6）取 1 块试样黑板与标准样照对比，首先看样板的总体外观情况，初步确定与之对比的样照级别，然后再结合评级标准全面考虑，最后定级。

四、评等规定与标准样照

1. 评等规定　纱线条干的品级分 4 个等级，即优级、一级、二级、三级。

评等规定如下。

（1）评等以纱线的条干总均匀度和含杂程度与标准样照对比，作为评等的主要依据。

（2）对比结果好于或等于优级样照的（无大棉结）评为优级；好于或等于一级样照的评为一级；差于一级样照的评为二级。

（3）严重疵点、阴阳板、一般规律性不匀评为二级；严重规律性不匀评为三级。

（4）一级纱的大棉结根据产品标准另做规定。

纱线条干不匀具体评等规定见表 2-3。

表 2-3　纱线条干不匀评等规定

不匀类别	具体特征	评等规定
粗节	纱线的投影宽度（称直径）比正常纱线直径粗（以检验人员目力所能辨认为限）	粗节部分粗于样照时，即降等
		粗节数量多于样照时，即降等，但普遍细于、短于样照时不降等
		粗节虽少于样照，但显著粗于样照时，即降等
阴影	由较多直径偏细的纱线排列在一起，在板面上形成较阴暗的块状	阴影普遍深于样照时，即降等
		阴影深浅相当于样照时，若总面积显著大于样照，即降等
		阴影总面积虽大，但浅于样照，则不降等
		阴影总面积虽小于样照，但显著深于样照时，即降等

不匀类别	具体特征	评等规定
严重疵点	严重粗节	直径粗于原纱1~2倍,长5cm及以上的粗节,评定二等
	严重细节	直径细于原纱0.5倍,长10cm及以上的细节,评定二等
	竹节	直径粗于原纱2倍及以上,长1.5cm及以上的节疵,评定二等
规律性不匀	一般规律性不匀	纱线条干粗细不匀并形成规律,占板面1/2及以上,评定二等
	严重规律性不匀	满板呈现规律性不匀,其阴影深度普遍深于一级样照最深的阴影,评定三等
阴阳板	板面上纱线有明显粗细的分界线	评定二等
棉结	有1根或多根纤维缠结形成的未曾分解的团粒	优级板中棉结杂质总数多于样照,即降等
		一级板棉结杂质总数显著多于样照,即降等

2. 标准样照

（1）标准样照按纱线品种分成两大类，即纯棉和棉与化学纤维混纺，化学纤维纯纺及化学纤维与化学纤维混纺两大类。

（2）标准样照按纱线线密度分组。其中纯棉类有 6 组标准样照；化学纤维类有 5 组标准样照。每组 3 张，分设 A、B、C 三级。

（3）各类品种纱线采用的标准样照见表 2-4。

表 2-4　棉与化学纤维纱的标准样照

纤维类别 \ 标准样照	A 级标准样照	B 级标准样照	B 级标准样照	C 级标准样照
	优级条干	一级条干	优级条干	一级条干
纯棉及棉与化学纤维混纺	精梳纯棉纱　精梳与化学纤维混纺纱　普梳股线　棉与化学纤维混纺股线		普梳纯棉纱　普梳与化学纤维混纺纱	
化学纤维纯纺及化学纤维与化学纤维混纺	化学纤维纯纺纱　化学纤维与化学纤维混纺股线		化学纤维与化学纤维混纺纱　中长股线　黏胶股线	

测试时应根据试样品种来选用标准样品的类别。

五、实验结果

列出 10 块黑板的等级。

思考题

简述黑板条干法测纱线细度不匀的原理及其优缺点。

实验3　测长称重法测纱线细度不匀

试验仪器：YG086型缕纱测长仪。

试样：纱线若干。

一、实验原理

用缕纱测长仪摇取一定长度的若干绞纱线，分别称出各绞纱线重量，计算重量变异系数。

二、具体要求

对于棉型纱线，绞纱周长为1m，每缕100圈，每批纱线取样后摇30绞；对于精梳毛纱线，绞纱周长为1m，每缕50圈，每批纱线取样后摇20绞；对于粗梳毛纱线，绞纱周长为1m，每缕20圈，每批纱线取样后摇20绞。

三、实验步骤

具体实验操作步骤参见本章实验1　纱线细度的测试。

实验4　电容法测线细度均匀度

试验仪器：YG138型型条干仪。

试样：纱线若干。

一、概述

YG138型条干仪是最新开发的新一代条干均匀度测试仪。它采用最先进的数字处理技术和计算机技术，该仪器具有目前国内同类产品中无与伦比的高精度、高集成度和稳定性，且具有操作简便、功能齐全的特点。该仪器适用于纺织工业测量棉、毛、麻、绢、化学短纤维的纯纺或混纺纱条的线密度不匀及不匀的结构和特征，可供纺织工业控制实验室对纱条进行定性、定量分析之用。使用本仪器测量的数据、波谱图、直观图、变异长度曲线、偏移率曲线、线密度频率曲线，可参照《乌斯特条干均匀度使用手册》及《乌斯特公报》进行分析、评定纱条质量。

为保证测试样品的准确性，应按照GB/T 3292.1—2008《纺织品　纱线条干不匀试验方法　第1部分：电容法》规定的温、湿度条件下，对样品平衡24~48h。

二、仪器结构与工作原理

1. YG138型条干仪　YG138型条干仪结构如图2-15所示。

（1）罗拉部分由罗拉罩壳、罗拉帽及罗拉组成。罗拉罩壳嵌入机座，向外轻拉可以将罩壳拔出。罗拉帽将罗拉固定在驱动轴上，拧下罗拉帽可以将罗拉拔出。

（2）吸纱嘴及挡板。当纱线易缠绕罗拉时可启用吸纱装置，打开检测头背板上的压缩空

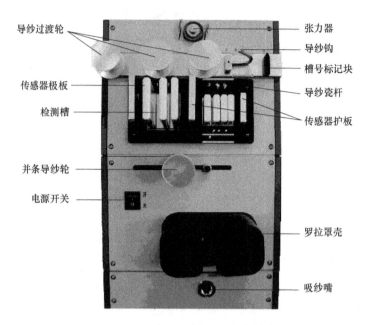

导纱过渡轮

张力器

导纱钩

槽号标记块

传感器极板

导纱瓷杆

检测槽

传感器护板

并条导纱轮

电源开关

开
关

罗拉罩壳

吸纱嘴

图 2-15　YG138 型条干仪结构图

气阀（压缩空气由外部接入）。前吸嘴可将纱线吸入，从后板的出纱口排出（接上所配的排纱软管）。需用挡板时，就拉出挡板，以避免纱线堆积在桌边缘。

（3）并条导纱轮。进行条子测试时，拧松导纱轮右侧带有滚花的螺钉，滑动至测试槽下方起导纱之用。

（4）纱线在槽号位置。成品细纱在测试槽的摆放位置如图 2-16 所示。注意：纱线均在瓷棒的右侧绕过。

粗纱在测试槽的摆放位置如图 2-17 所示。注意：粗纱经过极板后从瓷棒左侧绕过。

2. 工作原理　当纱条以一定速度连续通过平板式空气电容器的极板时，纱条线密度的变化引起电容量的相应变化，经过一系列的电路转化和运算处理，将最终信息分别输入积分仪、波谱仪、记录仪和疵点仪，就可得到纱条的不匀率数值、不匀率曲线、波长谱图及粗节、细节、棉结、毛粒等测试结果。

三、实验方法与步骤

（1）初始化检测（调零）。注意：纱线不要放入检测槽，点击 运行 或按一下键盘上的空格键，出现如图 2-18（a）和图 2-18（b）所示界面。在第一次测试时，必须在"热机时或实验环境不好请选中"前的□打√，正常测试时将√去除，可防止调零时的误操作。

如果初始化检测时在测试槽内有纱线，或极板槽内有异物，将会出现以下的对话框（图 2-19）。检查测试槽，如有纱线在槽内请取出，如槽内有异物请清洁。并点击重试或按一下键盘上的空格键，如果正确，将出现如图 2-18（b）所示画面。

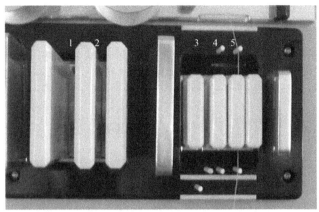

(a) 20.8tex以下（28支以上）细纱在测试槽的摆放位置

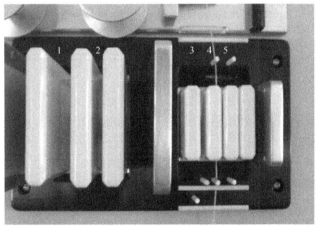

(b) 20.8tex以上（28支以下）细纱在测试槽的摆放位置

图 2-16　细纱在测试槽的摆放位置

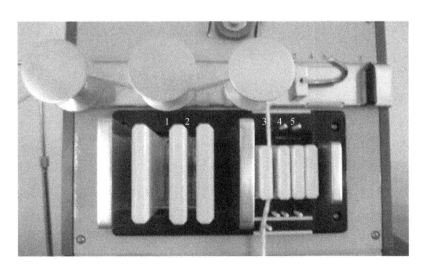

图 2-17　粗纱在测试槽的摆放位置

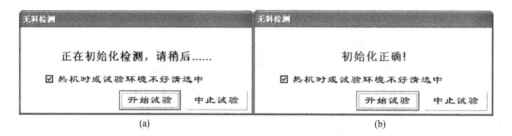

图 2-18　初始化检测

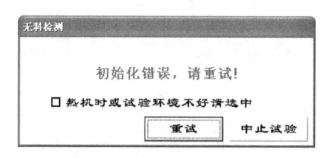

图 2-19

（2）测试过程显示。点击开始测试或按一下键盘上的空格键，电动机启动。正常测试情况下的操作界面如图 2-20 所示。

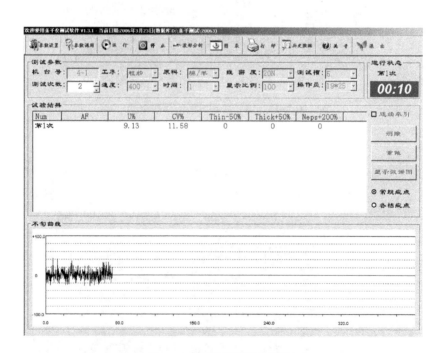

图 2-20　正常测试操作界面

测试过程中如果出现特殊情况，需要停止，点击停止或按一下键盘上的空格键。点击中止测试退出运行，进入主界面。

（3）连续牵引。牵引方式可选择连续或非连续，可在 □ 连续牵引 中打"√"进行切换。如选择了连续牵引，在测试结束后电动机不停。第二次测试操作同上，这样可以节省换纱时间，提高测试效率。

（4）测试结果显示。

①波谱图显示。一次实验完成后，会弹出波谱图的界面，如图2-21所示。

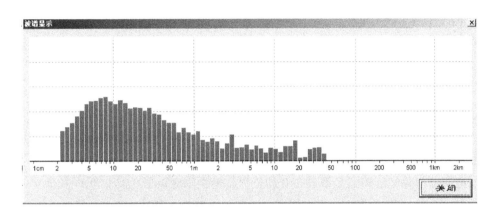

图2-21 波普图界面

点击关闭将关闭波谱显示界面。若要查阅前次波谱可以选中您想要查阅的第几次数据（鼠标点击并呈蓝色）后，点击显示波谱图，将弹出该次波谱图。

鼠标点击波谱图上的某个通道，会标出该通道的波长。

②测试结果的数据显示。点击常规疵点、各档疵点前的⊙，可以切换疵点显示的方式。如发现测试错误，可以重做或删除该次测试。在实验结果栏内选中已测试的数据（显示为蓝色），并进行相应的操作（图2-22）。

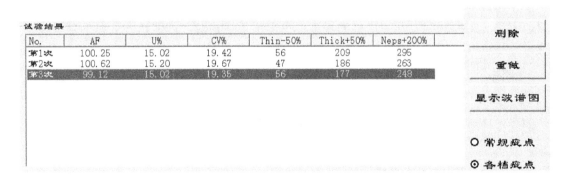

图2-22 测试结果图

思考题

1. 用来评价纱线细度不匀的指标有哪些？

2. 电容法测纱线细度不匀与测长称重法、黑板条干法相比有何优点？

实验 5   条粗条干均匀度测定

试验仪器：Y311 型条粗条干均匀度实验仪。

试样：棉条。

一、概述

Y311 型条粗条干均匀度仪，测定生条均匀情况，测定头二条均匀度情况，测定头二粗均匀度情况，适用于棉、毛、麻、绢等条子以及粗纱的条干均匀度实验，适用于黏胶短纤维纺制的条子粗纱条干均匀度实验，本机安放在台上进行实验。

二、实验步骤

（1）借助描笔杆上的螺旋，校正描笔尖前后位置，使其与实验纸接触，但并不压紧，使描绘灵活，笔尖不易磨损。

（2）把调节齿轮和旋转圆盘都放在 0 的位置，笔尖则应该指在实验纸的中部。

（3）引出实验棉条（或粗纱）的前端，用手捻成尖头，穿过喇叭口。

（4）使调节齿杆与小齿轮脱离，其下方的刻度盘在 0 的位置。

（5）启动电动机，这样可使上下二导轮接触，使其握住实验品的前端，牵拉着它前进。

（6）待实验棉条（或粗纱）由 100~200mm 通过后，使齿杆 16 与小齿轮啮合，并转动旋转圆盘，调节到务必使笔尖停留在实验纸上的中点附近。

（7）将调节齿杆及旋转圆盘上所指刻度记在试纸之首端一角，此数字即为试样的 0 点厚度，并将试样线密度、车别、车号日期也记录于记录纸首段以备分析。

（8）等棉条（或粗纱）移动规定实验长度即停止实验，使描笔尖与实验纸脱离，并将喂入处尾端摘去，将第二只试样之前端与之捻搭喂入，但须注意避免过后搭层。

（9）取下已绘有曲线的实验纸，计算分析结果，但须注意因杂屑而引起之厚度最高处剔去不予计算，如曲线端点不在横格的线上，也即不足一格时，可估计占一格的多少作小数计算。

思考题

用来评价一批条子或粗纱的条干均匀度指标有哪些?

实验 6   纱线捻度的测定

试验仪器：YG155A 型纱线捻度仪。

试样：纱线若干。

一、概述

本仪器用于测定各种纱线的捻度。

仪器性能符合新国家标准 GB 2543.1—2015《纺织品　纱线捻度的测定　第 1 部分：直

接计数法》、GB 2543.2—2001《纺织品　纱线捻度的测定　第 2 部分：退捻加捻法》、国际标准 ISO 2061—2015《纺织品纱线捻度的测定　直接计数法》和原纺织部标准 FJ154《本色气流纺棉纱实验方法》及国家行业标准 FZ/T10001《气流纱捻度的测定——退捻加捻法》。

纱线捻度测试方法常用的有三种。

（1）直接退捻法（直接计数法）。适用于股线、缆绳、复丝；在退捻过程中纤维不易缠结的短纤维单纱也可采用该法，但不常用。

（2）一次退捻加捻法。适用于短纤纱，不适用于自由端纺纱、喷气纺纱的产品及张力从 0.5cN/tex 增至 1.0cN/tex 时，其伸长超过 0.5% 的纱线。

（3）三次退捻加捻法。适用于气流纱。

二、实验目的

掌握纱线捻度的指标及纱线捻度的测试方法。

三、仪器外形图

YG155A 型纱线捻度仪外形图如图 2-23 所示。

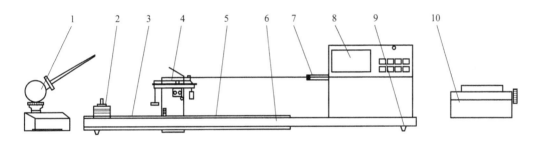

图 2-23　YG155A 型纱线捻度仪外形图

1—插纱架　2—张力砝码　3—导轨　4—张力装置　5—长度尺　6—底板
7—右纱夹　8—控制箱　9—机脚　10—打印机

四、直接计数法

1. 原理　在一定张力下，夹住已知长度纱线的两端，通过试样的一端对另一端向退捻方向回转，直至股纱中的单纱或复丝中的单纤维完全平行为止，退去的捻回数即为该纱线试样长度内的捻回数。

2. 实验参数　实验参数见表 2-5。

表 2-5　直接退捻法的实验参数

品　　种	夹持长度（mm）	预加张力（cN/tex）
棉、毛、麻股线	250	0.25
缆线	500	0.25
绢丝股线、长丝线	500	0.25

3. 实验方法与步骤

（1）正确连接好主机和打印机的通信线及电源线，合上仪器控制箱后的主机电源开关和打印机电源开关，液晶显示器同时显示欢迎画面。

（2）根据实验方法标准的要求选择好实验次数、方法、长度、捻向、支数。

（3）在加载张力过程中一定要按照有关实验方法标准中的规定，根据不同的纱线类别和纱线的粗细（线密度 tex）选择适当的专用张力砝码，并将此专用砝码挂于砣上。

（4）调整插架的位置，使纱线在引出时不受任何意外的损伤，插上待试纱线。

（5）调整移动支承至标准规定的实验长度并拧紧移动支承后方的滚花支紧螺钉，调节伸长限位至合适的位置，如图 2-24 所示。

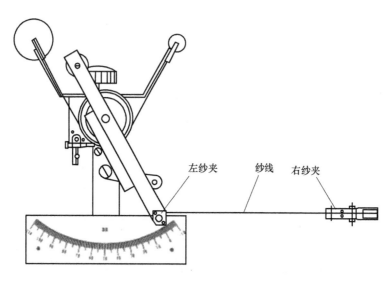

图 2-24　调节移动支承

（6）用右手从插纱架上引出纱线，用左手压下夹线杠杆，将纱线引入左纱架的导纱轴，然后松开夹线杠杆，释放零位定位架，再用左手捏开右纱夹钳口，调整纱线位置使左夹钳前指针指向零位（压线）时松开右纱夹钳夹紧纱线。

（7）按下"启动"键，仪器就自动完成实验，显示器显示本次实验的捻度。

注：如按"启动"键，右夹钳不转动且出现报警蜂鸣，这说明指针未指在"零位"的正确位置上，请立即重新夹线且使指针对准零位，零位对准时，蜂鸣器停止鸣叫。

（8）按照上述方法重新夹上被实验纱线，继续做下次实验直至做完预置的实验次数，蜂鸣器鸣叫提示，然后按"统计"键，打印机打出全部实验数据及其统计结果。

（9）做直接计数实验时，首先预置一个捻回数，预置的捻回数应小于设计捻度的15%～20%，然后按上述方法夹紧纱线。

（10）无进一步实验的请关闭电源。

4. 实验结果计算

（1）特克斯制实际捻度 T_t。

$$T_t = \frac{试样捻回数总和}{试样夹持长度（mm）\times 试验次数} \times 100（捻/10cm） \tag{2-5}$$

（2）公制支数实际捻度 T_m。

$$T_m = \frac{试样捻回数总和}{试样夹持长度（mm）\times 试验次数} \times 1000（捻/m） \tag{2-6}$$

捻度指标仅能度量相同特克斯和体积重量的纱线的加捻程度。当特克斯和体积重量不同时，捻度不能完全反映纱线的加捻程度。因此，采用捻系数指标来衡量纱线的加捻程度。试样的捻系数可用如下公式计算。

当捻度的单位用捻/m 表示时，

$$K_1 = \frac{T_m}{\sqrt{N_m}} = T_m\sqrt{\frac{Tt}{1000}} \tag{2-7}$$

当捻度的单位用捻/10cm 表示时，

$$K_2 = T_t\sqrt{Tt} \tag{2-8}$$

$$K_1 = 0.316K_2$$

式中：K_1——捻度以捻/m 表示的公制支数捻系数；

　　　K_2——捻度以捻/10cm 表示的特数制捻系数；

　　　T_m——捻度，捻/m；

　　　T_t——捻度，捻/10cm；

T_t、T_m 为平均捻度（计算到 5 位有效数，修约到 4 位有效数），Tt 为纱线的线密度，tex；N_m 为纱线公制支数。

五、退捻加捻法

1. 原理　在规定张力下，夹持一定长度的试样，测量经退捻和反向加捻后回复到起始长度时的捻回数。

2. 实验参数　实验参数见表 2-6。

表 2-6　退捻加捻法的实验参数

类　别	试样长度（mm）	预加张力（cN/tex）	允许伸长限位（mm）
精纺毛纱捻系数 α<80 时	250	0.1±0.02	2.5
精纺毛纱捻系数 α=80~150 时	250	0.25±0.05	2.5
精纺毛纱捻系数 α>150 时	250	0.50±0.05	2.5
棉纱	250	0.5±0.10	4
其他纱线	250	0.5±0.10	2.5

3. 实验方法与步骤

（1）根据实验方法标准的要求，选择好实验次数、方法、长度、捻向、支数。

（2）按照表2-6根据不同的纱线类别调节好左纱夹、右纱夹之间距离，预加张力及允许伸长限位。

（3）调整插架的位置，使纱线在引出时不受任何意外的损伤，插上待试纱线。

（4）按照"直接计数法"装夹试样。

（5）清零后，按相应的测试开关进行实验。当伸长指针离开0位又回到0位，仪器自停，记录捻回数。

（6）重复步骤（4）、步骤（5），完成实验次数。

4. 实验结果计算

参照直接计数法。

思考题

1. 退捻加捻法的原理是什么？

2. 股线通常用哪种测试方法测试捻度？

实验7　纱线毛羽的测定

试验仪器：YJ171B型纱线毛羽仪。

试样：纱线若干。

一、概述

YG171B型纱线毛羽仪（以下称毛羽仪）是测定纱线毛羽的专用仪器。本仪器适用于纺织厂、科研、教学、外贸、商检等单位测试各种天然纤维与化学纤维的纯纺、混纺纱线的表杆毛羽长度、毛羽指数及其分布，以指导生产、改进工艺、控制质量、开拓产品，并为纱线用户提供鉴定手段。

纱线毛羽是指伸出纱线表面的纤维端或者纤维圈。纱线毛羽的长短、数量及其分布对织物的内在质量、外观质量、手感和使用有密切关系，也是机织特别是无梭机织、针织生产中影响质量和生产率的主要因素，所以纱线毛羽指标是评定纱线质量的一个重要指标，也是反映纺织工艺、纱线加工部件好坏的重要依据。

适应标准：FZ/T01086—2000《纺织品　纱线毛羽测定方法　投影计数法》。

二、仪器结构及其工作原理与特点

1. 纱线毛羽仪　纱线毛羽仪结构示意图如图2-25所示，纱路图如图2-26所示。

2. 工作原理　本机采用可见光光源将纱线、毛羽投影成像，再采用并行同步高速计数方法结合计算机，把毛羽挡光引起的明暗变化转换成电信号，由计算机进行信号处理、记数统计、显示、打印。其工作原理图如图2-27所示。

3. 特点　毛羽设定长度的精确度高，检测段的纱线走纱稳定，光、电各参数在开机使用中由计算机按设计要求自动检测、校正，所以仪器测试数据稳定，误差小。仪器可一次测得1~8（mm）8档毛羽长度的毛羽指数，客观地反映了纱线毛羽分布规律。

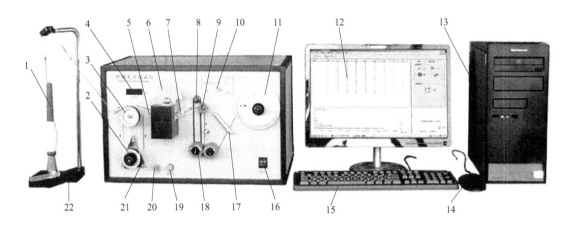

图 2-25 纱线毛羽仪结构示意图

1—纱管架总成 2，3 双辊磁性张力调节装置 4—张力显示窗 5—左定位 6—检测盘 7—右定位
8—检具传动轮 9—张力检测器轮 10—试样路线图 11—收纱轮 12—显示器 13—主机
14—鼠标 15—键盘 16—电源开关 17—挡纱器 18—纱线导辊 19—罗拉离合器
20—张力调零 21—调节板 22—导纱钩

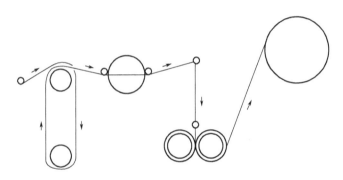

图 2-26 纱路图

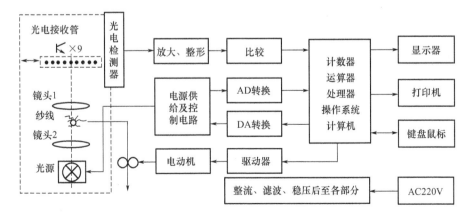

图 2-27 工作原理图

三、实验方法与步骤

注意事项：实验前需要开机预热 20min。

（1）连线。用串行通信连线把电脑与主机连接起来，用打印机连线把打印机与电脑主机连接起来；将电脑电源线、打印机电源线及主机电源线插入 220V 交流电源插座中。

（2）开机。

①打开毛羽仪前面的电源开关。

②启动电脑，并双击桌面上的毛羽仪程序图标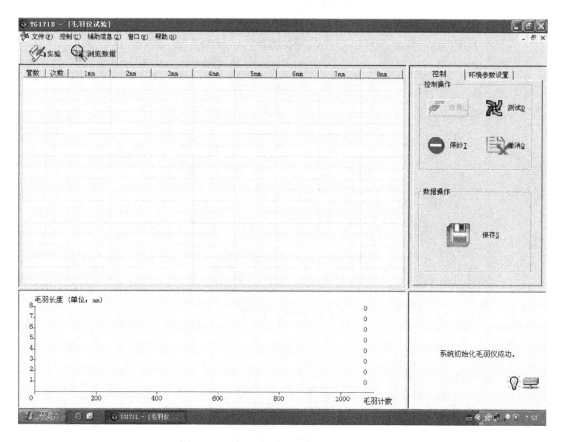。

③主机与电脑连接，单击"连接"按钮。连接成功后，在软件界面的右下方显示连接成功图片。连接成功后，系统会按照预先设置的灯光进行调整，调整完成后会显示调整灯光成功图，如图 2-28 所示。

图 2-28　连接成功图

（3）装纱。

①将纱管或纱筒装在纱管架上。

②绕纱。按图 2-26 纱路图所示为仪器装上纱线，用手将绕纱盘顺时针转动多圈，使纱线绕在纱盘上，准备测试。

（4）实验。

①环境参数设置。实验前请先查看实验的参数。在左上角单击"环境参数设置"标签，显示如图2-29所示界面，如果需要修改某个参数，请单击"修改"按钮，修改完成后请单击"设置"按钮，以使其生效。各条目含义请参照备注说明内容。

②预加张力调整。开机后预加张力应显示在0.0左右，如果偏离此值应调整仪器左下角的调零旋钮。

③实验。参数设置完后，您可以单击"控制"标签，点击"测试"进行实验。在实验过程当中，可以调节张力调节轮，使之达到需要的张力。点击"停纱"可以取消最后一次实验结果，点击"撤销"可以取消本次全部实验结果。在完成规定的实验次数后，毛羽仪会自动停机，如果此时还有其他管需要测试，可在装好纱管后点击"测试"，测试将继续进行。在测试完成后，可以点击"保存"按钮保存本次实验结果。在测试的过程中，如果想删除某管某次的实验数据，可以点击该行数据后，单击鼠标右键，出现"删除"快捷菜单，删除后，系统会将正在测试的数据替换需要删除的数据。

图2-29　参数设置界面

④数据浏览。保存成功后，可以单击"文件"菜单中的"浏览"菜单项或者单击工具栏上的"浏览"按钮，系统将进入浏览毛羽仪数据界面（图2-30）。

⑤数据浏览界面。打开数据浏览界面，左边为相应的功能区，可以在此选择具体的数据，如果未选择具体的某次数据，会在该窗口右侧显示"请选择具体的实验数据"。如果选择了具体的数据，则会在右侧显示详细的内容。也可以在此进行查询、删除、打印预览、打印等操作。

⑥浏览与实验界面的切换。可以通过单击"文件"菜单中的"实验"与"浏览"菜单项或者工具栏中的"实验"与"浏览"按钮来进行实验与浏览界面的切换。

四、实验举例

（1）打开毛羽仪面板上的电源开关，启动电脑，点击桌面上的快捷方式 按钮，显示器上会出现毛羽仪操作界面，如图2-31所示。

（2）点击"参数设置"按钮，如需要修改参数，点击"修改"按钮，出现参数设置界面，如图2-32所示。

（3）假设所做实验次数为10；测试速度为30m/min；卷装纱形式为管纱；片段长度为10m。点击"设置"后，进行参数设置，参数设置完毕后点击控制面板上的"控制"按钮，进入测试控制界面，如图2-33所示。

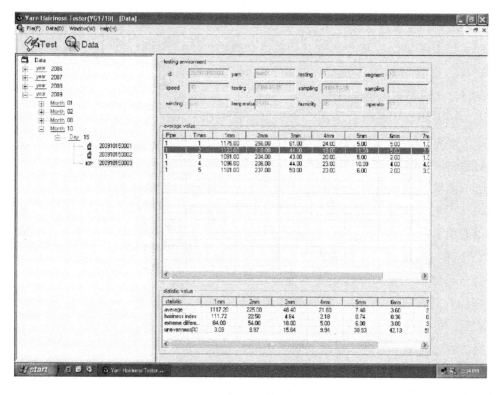

图 2-30　浏览数据界面

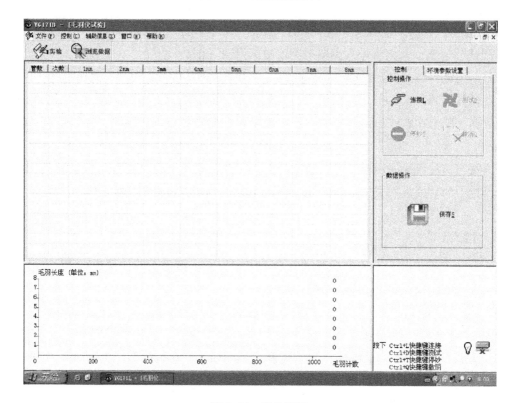

图 2-31　操作界面

图 2-32　参数设置界面

图 2-33　测试控制界面

（4）点击操作界面的"连接"按钮，计算机将显示"联机中正在调整……"，需要稍微等待一段时间，连接成功将显示"系统初始化毛羽仪成功"。如果不成功将显示"X"管当前电压值小于设定的最小电压，请重新设置后再做调整。此时需要重新进行参数调整。请选择"辅助信息"菜单下的"参数设置"项，进入设置窗口后参考步骤（2）重新设置。设置完成后请退出该软件并重新打开，此时电脑会自动根据设置的灯光值、门限值进行调整。

绕纱：按图 2-26 纱路图所示为仪器装上纱线，用手将绕纱盘顺时针转动多圈，使纱线绕上纱盘上。

（5）点击操作界面的"测试"按钮，进入实验测试状态，实验 10 次后自动停止。（如实验没有达到 10 次而想要结束实验，则点击操作界面的"停止"按钮即可。再点击"撤销"按钮，就结束此次实验。）

（6）如果需要保存实验数据则点击操作界面的"保存"按钮，如不需保存又想结束实验，则点击"撤销"按钮即可。（保存成功后，可以单击"文件"菜单中的"浏览"菜单项或者单击工具栏上的"浏览"按钮，系统将进入浏览毛羽数据界面。）

五、仪器的校验及参数调整

1. 仪器校验　仪器校验前先在检测盘两个小棒之间缠绕 2 根 0.008mm 的不锈钢丝，然后将检测盘（图 2-34）安装在结构示意图 2-25 的 6 检测盘，将皮带圈安装在结构示意图 2-25

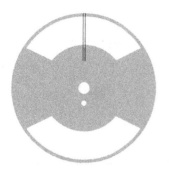

图 2-34 检测盘

的 8 检具传动轮槽中和结构示意图 2-25 的 19 罗拉内边。安装完毕后，将仪器设定次数为 2 次，纱线长度为 10m，速度设为 30m/min，点击测试按钮，测试完成后 8 个测试数据之间显示值基本相同，误差 ±3。若超过 ±3 则需要进行参数调整。校验完毕，取下检测盘和皮带圈。

2. 仪器参数调整 在实验界面上，单击"辅助信息""参数设置"，出现如图 2-35 所示的窗口，在窗口中输入正确密码"maoyuyi"后进入如图 2-36 所示参数设置界面。

（1）将下列的 8 路灯光基础值和变动值输入。

（2）将门限值按给定的输入，并单击上面的"修改"，使门限设置生效。

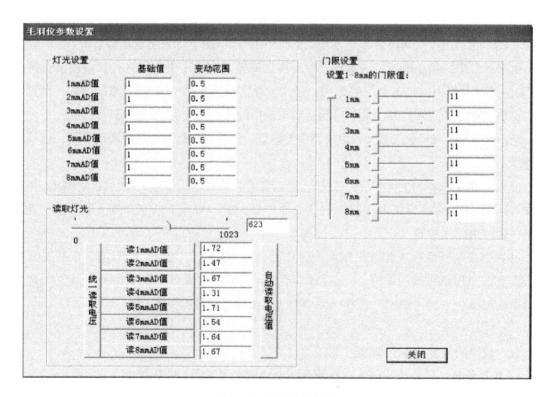

图 2-35

图 2-36 参数设置界面

（3）拖动读取灯光下的滑动钮，使数值变为给定的值，并选择"保存灯光作为默认值"。

（4）设置完成后，退出该窗口，电脑自动保存参数。

（5）退出本窗口后，单击实验界面下的"连接"按钮，使本仪器按该设置进行重新联机。

思考题

评价纱线的毛羽指标有哪些?

实验8　单纱强力实验

试验仪器：YG020D 型电子单纱强力仪。

试样：纱线若干。

一、概述

本仪器是评价纱线、纤维长丝、金属细丝等拉伸性能技术指标的一种理想仪器，广泛普及于纺织企业、检测机构、质检执法单位和职业学校及科研机构。

本仪器可对被测试样进行定速、定时拉伸实验。仪器采用等速伸长（CRE）检测机理，微机控制，检测数据经自动处理后在液晶大屏幕显示，连接打印机可以打印输出，每一步都有中文提示，设置程序方便，测试准确快速便捷，是正确评价纱线等测试范围内拉伸性能技术指标的必备普及型仪器。

二、机械机构及检测原理

1. 机械机构　在仪器机座上装有电动机，电动机动力经过减速机或者同步齿形带带动链条转动，链条转动推拉下夹持器由 2 根光杠导向做上下运动，下夹持器的下方有张力装置；在仪器上部居中位置安装有上夹持器，上夹持器连接力传感器（图 2-37）。

在实验状态下，将纱线引于上下夹持器之间，将上夹持器夹牢，下部夹于张力夹纱手柄和杠杆之间。这时应使张力杠杆保持水平状态，显示屏显示的力值即为所加的张力值。如果需要调整张力值，可左右移动张力砝码的位置，使显示屏显示的力值达到所需要的张力值。如需更大张力，将左侧砝码移至右侧。调好张力后，夹紧下夹持器按"拉伸"键即可实验。

警告：上夹持器连接力传感器，使用中应注意不得有大力扳、扭、敲、砸等有损力传感器的动作。

2. 检测原理　被测试样的一端夹持在仪器上夹持器钳口内，另一端加上标准规定的预张力后夹紧下夹持器，同时采用标准规定的恒定速率拉伸（CRE）试样，直至试样断裂，下夹持器自动返回原处。拉伸过程中，由于夹持器和测力传感器紧密结合，此时测力传感器把上夹持器受到的力转换成相应的电压信号，经放大电路放大后，进行模数（模拟信号装换为数字信号：A/D）转换，最后把转换成的数字信号送入中央处理单元（CPU）进行处理，处理结果会暂存于随机存取存储器（RAM）中，并显示、打印。仪器可记录每次测试的技术数据，测试结束后，数据处理系统会给出所有技术数据的统计值，可显示、打印（仪器工作原

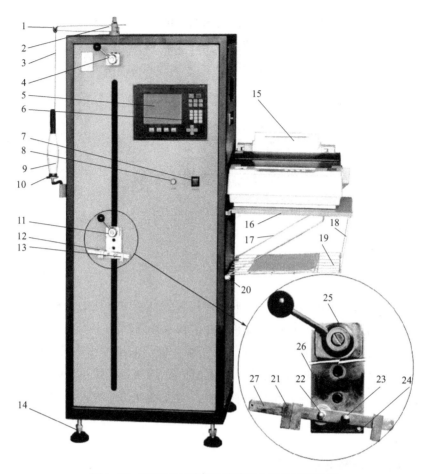

图 2-37 YG020D 型电子单纱强力仪外观结构图

1—导纱钩　2—导纱装置　3—纱路　4—上夹持器　5—LCD 显示　6—操作键盘　7—电源开关　8—拉伸键
9—纱管　10—放纱支轴　11—下夹持器　12—张力装置　13—张力砝码　14—调平机脚　15—打印机
16—打印机托板　17—托板支架　18—纸架拉筋　19—网状纸架　20—托架安装柱　21—张力砝码
22—支点心轴　23—夹纱手柄　24—限位销　25—下夹持器　26—固定基板　27—张力杠杆

理流程如图 2-38 所示）。进入再次实验后，上次实验数据则被清除。驳接电脑后可以实时记录实验全过程，并且所有测试数据可永久性保存。

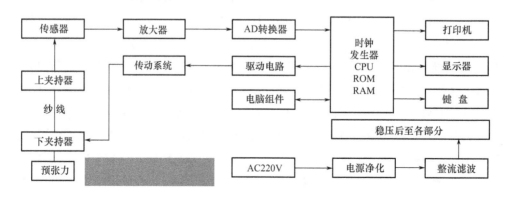

图 2-38 仪器工作原理流程图

三、实验方法与步骤

（1）实验准备。开启仪器电源开关，屏幕显示如图2-39所示，如否，则按"总清"键，再按"复位"键使之进入复位状态；如配置了打印机，请开启打印机电源开关，为其整理打印纸。

图2-39　仪器复位状态界面

（2）设置参数。进入复位状态等待3s后，再按"设定"键进入设定状态，光标"■"在"纱号：［■16.8］tex"处闪烁，按"清除"键清除原有数据，按数字键"0""1""3""2"，按"确认"键确定输入数据；按"▲"键，光标"■"在"间隔：［■60］次"处闪烁，按"清除"键清除原有数据，按数字键"4"，按"确认"键确定输入数据；按"▲"键，光标"■"在"次数：［■60］次"处闪烁，按"清除"键清除原有数据，按数字键"6""0"，按"确认"键确定输入数据；按"▼"键，将光标"■"移至"速度［■500］mm/min"处，按"清除"键清除原有数据，按数字键"5""0""0"，按"确认"键；按"功能"键使LCD上端保留定速功能，参数设置完毕按"设定"键退出设定状态，按"实验"键进入实验状态。如果本次实验参数（例如次数和速度）与上次的相同，无须更改，提前按"设定"键退出；完全相同则无须设定，直接进入实验。

注意：在按"实验"键时，上夹持器不得受力或夹持试样。

（3）牵引试样与调整张力。右手牵引纱线试样穿过导纱器，从上下夹持器钳口经过至张力器下方，左手锁紧上夹持器后马上再扳开张力器的夹纱手柄压住纱线（小指勾住张力杠杆左端，食指勾住固定基板稳定，拇指扳开夹纱手柄），松开双手让杠杆自由悬垂并使杠杆刚好在水平位置（夹纱手柄夹紧前，右手掌握纱线拉力合适），双手调整张力器砝码使屏幕显示张力值（线密度的50%左右）为7，然后左手锁紧下夹持器，右手同时按"拉伸"键，试样被延伸至断裂后，夹持装置自动返回。

（4）做完余下试样。松开上下夹持器，取出废纱，右手牵引纱线试样穿过导纱器，从上下夹持器钳口经过至张力器下方，左手锁紧上夹持器后马上（同上一样）扳开张力器的夹纱手柄压住纱线，松开右手，屏幕显示张力值为7，左手锁紧下夹持器，右手按"拉伸"键，试样被延伸至断裂后，夹持装置自动返回，重复本次程序再做2次换试样，以后每4次更换试样，依此作业。做完余下的试样后 LCD 显示"实验完成进入删除状态"；按"停止"键，LCD 显示"本组实验完成"；按"统计"键，LCD 显示各项统计指标及 *CV* 值，如果配置了打印机并且已经开启，打印机会随时记录打印测得结果，并在此时打印统计值，本组实验结束。没有配备打印机的用户要注意做好每次实验结果记录。

（5）删除数据。如果进行数据删除，在最后一次实验后直接进入删除状态，实验中间需按"停止"键进入，再按"上行/上翻"或"下行/下翻"键，找到需删除的数据，按"删除"键删除数据；如果进行数据删除，在最后一次实验后直接进入删除状态，实验中间需按"停止"键进入，再按"上行/上翻"或"下行/下翻"键，找到需删除的数据，按"删除"键删除数据，按"停止"键后退出删除状态，根据删除的实验次数补做实验，补上实验数据至设定次数，按"停止"键，LCD 显示"本组实验完成"，按"统计"键，LCD 显示各项统计指标及 *CV* 值。无须删除则忽略本条。

（6）复制报表。如果需要复制测试报表，按"复制"键，打印机重复打印实验记录及统计值全部报表；实验过程中按"复制"键无效，按"统计"键打印已做实验统计值。不复制、未安装打印机则忽略本条。

警告：仪器背部凸出部分标有"当心烫伤"警告标志，实验时谨防烫伤！

思考题

1. 评价纱线强力的指标有哪些？

2. 影响纱线强力测试的因素有哪些？

实验 9　纱线疵点的测试与分级

试验仪器：YG072A 型纱疵分级仪。

试样：纱线若干。

一、概述

纱疵按粗细及长度的不同，可分为 23 类。包括短粗节、长粗节及长细节三大类。分级方法如图 2-40 所示。

1. 短粗节纱疵　A1~D4 共 16 种。按粗细分 +100%、150%、+250%、+400% 四个界限；疵点长度分 0.1cm、1cm、2cm、4cm 和 8cm 五个界限。以 A、B、C、D 区别疵点长度范围，以 1、2、3、4 区别疵点的粗细范围。

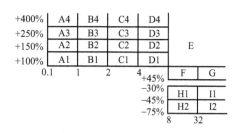

2. 长粗节纱疵　E、F、G 共 3 种。E 类纱疵为长度大于 8cm，截面粗细大于 +100% 的纱疵，一般又称为双纱纱疵，由两根粗纱喂入或并条接头不良所造成。F 类、G 类长粗节，分别代表粗细在 +45%~+100% 之间，长度为 8~32cm 之间和 32cm 以上的纱疵。长粗节纱疵以其截面粗细为 +45% 作为计纱疵长度的起始点。

图 2-40　纱疵分级仪分级方法

3. 长细节纱疵 H1，H2，I1，I2 共 4 种。H1 和 I1 分别代表截面粗细在−45%～−30%之间，长度在 8~32cm 之间和 32cm 以上的纱疵；H2 和 I2 分别代表粗细在−75%～−45%，长度在 8~32cm 之间和 32cm 以上的纱疵。

二、仪器结构与实验原理

1. 仪器结构 YG072A 型纱疵分级仪整套仪器由主控机、电源箱、打印机、处理盒、检测头、馈线等组成，如图 2-41 所示。

图 2-41 YG072A 型纱疵分级仪外观图

不同的络筒机可以选择不同的配置，设置相应的参数。最大锭数为 6 锭。络筒机不能安装防叠装置，转速稳定，成形良好，即纱线运行速度均匀一致以保证纱疵测量的准确。

（1）主控机。主控机是一套微型计算机，由主机、键盘、显示器组成。主控机完成人机界面及数据处理。操作者通过键盘输入的参数由它传给单锭处理器，将单锭处理器送来的纱疵、仪器工作状态等信息显示于屏幕上，并完成试验结果的存储、管理、显示、打印。

（2）电源箱。电源箱提供给单锭处理器的工作电源有+7.5V、+15V、−15V、+48V；内置一处理单元完成通信转换功能。

（3）打印机。为彩色喷墨打印机。

（4）处理盒。处理盒由 6 块相同的处理器组成。每个处理器上有两个插座，一个接检测头，另一个接指示灯插件。处理器根据主控机传送来的设定值处理分析检测头中的纱线信号并将处理结果传至主控机显示。

（5）检测头。检测头为电容式检测。采用专用集成电路芯片设计，可靠性高。检测头上有一指示灯，常亮表示该检测头或单锭处理器有故障，闪亮表示该锭"到长"（达到设定长度）。检测头安装时务必使纱路畅通，纱线刚好在检测槽底部的正中间。纱线偏离中间位置、跳动等都会造成纱疵判断不正确。

2. 实验原理 电容式纱疵分级仪与络筒机组合使用（也可将纱疵仪装在络筒机上，至少应装 5 个检测器）。当络筒纱线以一定速度连续通过由空气电容器组成的检测器时，纱质量的变化会引起电容量的相应变化，将其转化为电信号，经过电路运算处理后，即可输出表示各级纱疵的指标。

三、取样及调湿

1. 取样 如样品为交货批，按表 2-7 随机地从整个货批中抽取一定的箱数，从每一箱中取一个卷装。如样品来自生产线上，则随机地从机台上抽取 5~10 个筒子纱或能满足测试长度要求的若干个满管纱作为实验室样品。所取样品应均匀分配到各检测器上。在日常检验中，一组试验长度应不少于 10 万米，其中毛纺纱可适当减少，但至少为 5 万米。对于仲裁检验应进行四组以上试验。

表 2-7 取样的箱数

货批中的箱数	取样箱数
5 箱及以下	全部
6~25 箱	5 箱
25 箱以上	10 箱

2. 试样调湿 在温度为 20℃±2℃，相对湿度为 65%±3% 的条件下平衡 24h 以上，对大而紧的样品卷装或对一个卷装需进行一次以上测试时应平衡 48h 以上。

四、实验步骤

（1）开机调整络筒机运转速度为 600m/min，并检查测量槽是否清洁。

（2）打开电源箱电源开关，然后启动计算机，计算机完成自检后启动 Windows 2000 操作系统，系统正常加载后，启动 YG072A 型纱疵分级仪数据分析软件，进入主界面。软件启动后应进行 30min 的预热，预热完成后再进行操作。

（3）设定试验参数。

①线密度。按名义线密度设定。

②络纱速度。推荐用 600m/min，而且要保持仪器的设定速度与络纱速度的差异不超过 ±10%。

③初设材料值。棉、毛、黏胶纤维、麻为 7.5；天然丝为 5.5，腈纶、锦纶为 5.5；丙纶为 4.5；涤纶为 3.5；氯纶为 2.5。

该材料值需反复进行调整，直到仪器指示材料值误差小于 2%，而且在试验过程中应避免该值产生突变。

④预加张力。根据样品线密度大小，以保证纱条平稳、抖动尽量小为原则。纱线的线密度为 10tex 及以下者，张力圈个数为 0~1 个；10.1~30tex 为 1~2 个；30.1~50tex 为 2~3 个；大于 50tex 者，张力圈个数为 3~5 个。

（4）参数设定准确无误并保存后，主功能按钮"分级测试"变为有效，即可选择进行分级试验。

（5）选择"分级测试"主功能按钮，系统切换到分级测试对话窗口，在分级测试对话窗口中，点击"分级开始"按钮，系统弹出"请清洁检测槽"的提示框，清洁完毕并确认后，若为第一次测试的纱线品种，则会弹出"请在任意锭试纱"的提示框，确认后在任意锭走纱，在主窗口的状态栏中显示"正在试纱……"。约几十秒后纱线被切断，仪器完成定标。若为已知品种，仪器自动定标。仪器完成定标后，自动转入分级状态。

（6）此时即可开始正式的测试，在各锭走纱；当络纱长度到达设定长度时，自动切断，进入到正常状态；除了通过设定长度控制走纱长度外，还可以通过统计表中显示的长度进行手工控制，当到达需要的长度时，手动打断。当试验结束时点击"分级结束"按钮，结束本次试验。

（7）点击"文件打印"按钮，屏幕上将出现仪器可以输出的所有报表形式，在需要的报表前的方框中打勾，确定，系统将按设定进行文件打印。

五、实验结果

实验结果用 10 万米纱疵数和 10 万米有害纱疵数表示，有效位数保留整数。

思考题

1. 纱疵分级仪操作的注意事项是什么？

2. 纱疵分级仪分析的是偶发性疵点还是常发性疵点？它有哪些危害？

第三章　织物的结构与性能测试

第一节　织物基础性实验

实验1　织物厚度测定

试验仪器：YZ141 型织物厚度仪。

测试对象：厚度范围 0.1~10mm 的各种机织物、针织物、非织造布和土工布等。

一、概述

织物厚度主要与纱线细度、织物组织和织物中纱线弯曲程度有关，一般以 mm 表示。织物厚度对织物服用性能影响很大，如织物的坚牢度、保暖性、透气性、防风性、刚度和悬垂等性能，在很大程度上都与织物厚度有关。本实验是根据国家标准 GB/T 3820—1997《纺织品和纺织制品厚度的测定》，对织物的厚度进行测量。通过测定，掌握实验方法和各指标的计算方法，并了解影响实验结果的因素。

二、仪器结构

YZ141 型织物厚度仪如图 3-1 所示。

本仪器采用电动升降，杠杆配重平衡，直接加压，自动计时，数字显示的形式，可在一般实验室环境条件下使用。

能自动地连续或单次测量织物厚度，压重时间分为 10s 或 30s 两档，避免了手动测量的人为误差。

本仪器配有力值砝码五块，其中 50cN 两块，100cN 两块，200cN 一块，并配有面积分别为 100mm²、2000mm²、2500mm² 和 10000mm² 的四种可选压脚，这样就分别组成 GB/T 3820—1997 中规定的各档压力，供您选择。

压脚上下的导向装置和其他传动副均采用滚动轴承；压脚用可摆动的螺钉与测杆轴连接，有定位基准，能保证更换压脚后的平行度在 0.2% 以内，压脚中心与立柱侧面间距大，可满足在大块织物上测厚的要求，不必另外裁剪取样。

基准板心轴上装有双列向心球面轴承，使基准板顶面能用三个螺钉很方便地与压脚底面调整平行度。

数显表具有液晶显示、任意位置置零、公英制转换等功能。

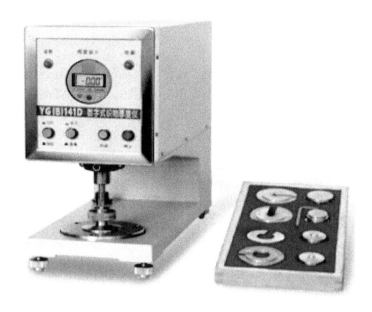

图 3-1　YZ141 型织物厚度仪

三、实验步骤

（1）根据被测织物的要求，选定压脚面积、压重时间及压重砝码，更换上选定的压脚和压重砝码（以 GB/T 3820—1997 标准选取）。

（2）按测试需要，选取"连续"或"单次"及"10s"或"30s"按钮位置，接通电源，按起动按钮，使仪器工作。

（3）电子百分表的调零。接通电源，打开电源开关，此时电源指示灯亮。根据被测织物的要求，选取压脚面积及压重砝码，并把按钮处在"单次"位置，按启动键使仪器工作。当压脚同基准板接触，读书指示灯亮，并且蜂鸣器响起，再按清零键，即可使电子百分表置零位。

（4）当压脚升起时，把被测织物或试样在不受张力的情况下放置在基准板上。

（5）"单次"测试。实验在压脚压住被测织物 10s 时，读数指示灯自动点亮，并且蜂鸣器响起，在读数指示灯点亮期间应尽快读取电子百分表上所显示厚度数值，并做好记录，读数指示灯不亮，电子百分表的显示数值无效。

（6）"连续"测试。即读数指示灯熄灭后，压脚即自动上升，自动上下工作循环。利用压脚上升和下降的空隙时间，即可移动被测织物至新的测量部位，并逐一记录其厚度值。（读数指示灯亮，记录数值有效；反之，数值无效。）

（7）测试工作完毕，使压脚回至初始位置（即与基准板贴合），关掉电源，取下压重砝码，并用罩布盖好仪器，严防灰尘侵入。

四、注意事项

（1）量表属精密量具，使用时应防止撞击、跌落，以免丧失精度。

（2）量表应保持清洁，避免水、油等液态物质渗入表内影响正常使用，请不要随意打开防尘帽。

（3）量表不得使用丙酮等有机溶剂擦拭。

（4）不用数据插口时，不要将接口盖取下，不得用金属器件任意触及插口内部。

（5）量表的任何部位不能施加电压，不要用电笔刻字，以免损坏电路。

（6）长期不使用时，应取出电池。

五、结果计算及实验报告

计算机各次测得厚度值的平均值，用毫米（mm）表示，精确至小数点后两位。

报告应包括以下内容。

（1）说明实验是按本标准进行的，并报告实验日期。

（2）样品名称、编号、规格。

（3）压脚面积（mm^2）。

（4）压力（kPa）。

（5）实验数量。

（6）纺织品或制品厚度的算术平均值（mm），如需要，报告 CV 值（%）及95%置信区间（mm）。

（7）任何偏离本标准的细节及实验中的异常现象。

思考题

1. 厚度的测定标准有哪些？

2. 使用厚度仪应注意哪些事项？

实验2　织物的单位体积质量测试

试验用具：剪刀、尺子。

测试对象：各种织物。

一、概述

织物的单位面积重量与纤维种类、纱线线密度、织物厚度及紧密程度有关，它不仅影响织物的服用性能，而且是经济核算的重要依据。

二、实验原理

裁剪已知面积的试样，分离出经纱和纬纱，分别称重计算试样单位面积经纱、单位面积纬纱和单位面积织物的重量。该法不仅可测得织物的平方米重量，而且可同时给出织物中经纱和纬纱的质量比例。

三、实验步骤

（1）准备试样。在经过调湿处理的织物样品上，在该样品中间用小样板标画出一个面积不小于 150cm² 的正方形。其各边分别与经纱和纬纱平行，从样品中裁取试样。标出织物的经纬向。

（2）将已知面积的试样称重。

（3）从试样上分离出经纱和纬纱（不能丢弃纤维屑），分别称重。

（4）当经纱和纬纱质量之和与分解之前的试样质量差异大于 1% 时，应重复试验，以获得所需的精度。

（5）如果样品中有非纤维性物质，则需在将其去除后再重复上述试验。

四、实验结果

根据已知面积的试样质量和其分解后所得的经纬纱质量，分别计算出单位面积的经纱、纬纱和织物的质量，以 g/m² 表示，精确到小数点后 1 位。

思考题

1. 织物的单位体积质量测试原理是什么？

2. 织物的单位体积质量与纱线线密度、织物厚度有什么关系？

实验 3 织物密度测试

试验仪器：Y511B 型织物密度镜。

测试对象：各种机织物。

一、概述

织物分析由于织物所采用的组织、色纱排列、纱线的原料及特数、纱线的密度、纱线的捻向和捻度以及纱线的结构和后整理方法等各不相同，因此，形成的织物在外观上也不一样。为了生产、创新或仿造产品，就必须掌握织物组织结构和织物的上机技术条件等资料。为此就要对织物进行周到和细致的分析，以便获得正确的分析结果，为设计、改造或仿造织物提供资料。

本实验要求学会使用 Y511B 型织物密度镜测试机织物密度。按规定要求测试织物，记录原始数据，完成项目报告。

二、仪器结构

Y511B 型织物密度镜如图 3-2 所示。

本仪器适用于纺织厂、针织厂、科学研究单位测定各种织物的经纱密度、纬纱密度之用。

三、实验方法与步骤

（1）根据试样线密度，选定镜头放大倍数装至仪器的目镜架中。

（2）根据织物的色泽，确定选用游标玻璃刻线的颜色，选择三色中的一色调换，便于检验计数。

图 3-2　Y511B 型织物密度镜

（3）操作与测定时，将仪器安放在被测物上，应和织物经纱、纬纱近似平行，调节镜头高低，使视野成像呈现最清晰状态，左手按住仪器，右手旋动调节旋钮，使镜头内刻线对准零位，且镜头刻线处在两根纱线之间，以使开始数时就为一整根。

（4）用手缓缓转动螺杆，计数刻度线所通过的纱线根数，直至刻度线与刻度尺的 5cm 处相对齐，即可得出织物在 5cm 中的纱线根数。

（5）测试密度时，把密度镜放在布匹的中间部位（距布的头尾不少于 5m）进行测试。纬密必须在每匹经向不同的 5 个位置进行测试，经密必须在每匹的全幅上同一纬向不同的位置测试 5 处，每一处的最小测定距离按规定进行。

四、结果计算和表示

（1）将测得的结果计算出 10cm 长度内所含纱线的根数。

（2）分别计算经密、纬密的平均数，精确至 0.1 根/10cm。

（3）当试样是由纱线间隔疏密不同的大面积图案组成时，则应测定并记录各个区域中的密度值。

思考题

1. 密度测试应注意哪些事项？

2. 密度测定的标准是什么？

实验 4　机织物组织结构的分析

一、织物上机图

机织物组织是指织物中经纬纱相互交错或彼此浮沉的规律。表示织物上机织造工艺条件的一组图解图为上机图，织物上机图由四部分组成，分别是组织图、穿综图、穿筘图、纹板图。

1. 组织图　表示织物组织中经纬纱浮沉规律的图解。

用意匠图表示组织结构，意匠图上的纵行格子代表经纱，横向格子代表纬纱，每个格子代表 1 个组织点，在格子内画 1 个符号（例如×），表示 1 根经纱在纬纱之上的组织点，用一个完全组织来表示织物组织的大小。对于复杂组织，若该法不适宜，则应另作说明。

2. 穿综图 表示组织图中各根经纱穿入各页综框顺序的图解。

穿综图在组织图的正上方，纵向格子相互对应于 1 根经纱。穿综图的横向格子代表综片，综片的顺序由下而上，在代表经纱的纵行与代表综片的横行相交的方格内填入 1 个符号，表示这根经纱穿过该综片上的综眼。

3. 穿筘图 确定每筘齿穿入经纱数的图。

穿筘图在组织图和穿综图之间，占用 2 个行列，用粗横线涂绘在横列格子内，表示相应的几根经纱同穿在 1 个筘齿内。

4. 纹板图 控制综框运动规律的图。

提综图的位置与组织图、穿筘图的相对关系有 2 种表示方法，可根据需要选择。

（1）提综图画在组织图的右侧。提综图中每一横列表示与组织图中相对应的 1 根纬纱，每一纵行表示相对应的 1 页综片，其顺序自左向右。提综图和穿综图之间的关系可以用直角线表示。

（2）提综图画在穿综图的右侧。提综图中每一横列表示与穿综图中相对应的 1 页综片。每一纵行表示相对应的 1 根纬纱，右边的纬纱相当于组织图的第一根纬纱。提综图与组织图之间的关系可用直角线表示。

具体表示方式如图 3-3 所示。

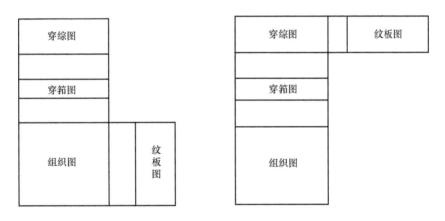

图 3-3 织物上机图

5. 色纱（色经和色纬）的排列 花纹配色循环的色纱排列用表格法表示。表中的横列格子表示颜色相同的纱线在每组中所用的根数；表中的纵行格子表示从上到下不同颜色纱线的排列顺序。

二、织物组织结构分析步骤

1. 织物组织分析法（拆纱法和直接观察法）

（1）拆纱法。鉴别织物的正反面和经纬向，确定拆纱方向。拆除试样两垂直边上的若干根纱线，用分析针一次一根拨动纱线，观察每根纱线交织情况，在意匠图上记录其交织点，直至获得一个完全组织。如果是色织物，还需记录色经和色纬的排列次序。

（2）直接观察法。对于较简单的织物，可直接观察或借用放大镜观察。

2. 绘制上机图 根据记录完全组织图画出穿综图、穿筘图和纹板图。

实验 5 织物中纱线线密度、 捻度、 织缩率的测试

实验 5.1 织物中纱线线密度的测试

一、实验原理

从长方形的织物试样拆下纱线，测定其中部分的伸直长度和质量（质量应在标准大气调湿后测定），根据质量与伸直长度总和计算线密度。

二、实验步骤

（1）试样准备。从调湿过的样品中裁剪含有不同部位的长方形试样至少 2 块，裁剪代表不同纬纱管的长方形试样至少 5 块，试样长度约为 250mm，宽度至少包括 50 根纱线。

（2）分离纱线和测量长度。根据纱线的种类和线密度，选择并调整好伸直张力（表 3-1），从每块试样中拆下并测定 10 根纱线的伸直长度（精确至 0.5mm），然后再从每块试样中拆下至少 40 根纱线与同一试样中已测取长度的 10 根纱线形成 1 组。

表 3-1 纱线伸直张力

纱线类型	线密度（tex）	伸直用张力（cN）
棉纱、棉型纱	≤7	0.75×Tt
	>7	(0.2×Tt) +4
粗梳毛纱、精梳毛纱 毛型纱、中长型纱	15~60	(0.2×Tt) +4
	61~300	(0.07×Tt) +12
非变形长丝纱	各种线密度	0.5×Tt

（3）测定纱线质量。将经纱一起称重，纬纱 50 根为 1 组分别称重。称重前，试样需在标准大气条件下预调湿 4h，调湿 24h。

三、实验结果计算和表示

$$Tt = \frac{纱线质量}{纱线总长度} \times 10^6 \tag{3-1}$$

其中纱线质量以 g 为计量单位；纱线总长度为平均伸直长度与称重纱线根数的乘积，单位为 mm。

实验 5.2 织物中纱线捻度的测试

一、实验原理

该法仅适用于环锭纱织物。从织物中拆下一段纱线，在一定伸直张力条件下，夹紧于捻

度试验仪的 2 只夹钳中，使一只夹钳转动，直到把该段纱线内的捻回退尽为止。

二、实验步骤

（1）试样准备。经向取 1 块条样，纬向在不同部位取 5 块条样，条样的长度应比试验长度长 7~8cm，宽度应满足足够的试验根数（表 3-2）。

表 3-2　试验长度与试验根数

纱线种类	最少试验根数	试验长度（cm）
股线和缆线	20	20
长丝纱	20	20
短纤纱*	50	20

* 对于某些棉纱，可采用 1.0cm 作为最小试验长度；对于纤维较多的麻纱，可试验 20 根，试验长度用 20cm。

（2）判断捻向。从条样中抽出 1 根纱线，握持纱的两端，观察纱线处于垂直位置时，纱段上捻回螺旋线的倾斜方向，判断是"S"捻还是"Z"捻。

（3）测定参数。将纱线的一端在不受意外伸长和退捻条件下从条样中取出，夹紧于 1 只夹钳中，在夹紧另一端前，使试样受到一适当的伸直张力（表 3-1）。

转动旋转夹钳退尽捻度，对于股线、缆线及长丝纱，从固定夹钳一端的纱线中插入分析针，向右移动，以检验捻回是否退尽。对于短纤纱，要使用放大镜和衬板判断捻回退尽与否。

记录旋转夹钳的回转数。当不超过 5 转时，记录结果精确至 0.1 转；当转数在 5~15 转之间时，记录结果精确至 0.5 转；当转数超过 15 转时，记录结果精确至最接近的整数。

如果需要进一步测定股线中的单纱及缆线中股线捻回数时，先根据待测的单纱或股线的线密度，计算预加伸直张力。调整好张力，再将待测的纱线调整至表 3-2 规定的长度，进行实验。

三、实验结果计算和表示

计算每种试样的经、纬纱捻度。实验结果精确至整数位。

实验 5.3　织物中纱线织缩率的测试

一、实验原理

从标记过已知长度的织物试样上，拆下纱线，在规定初始张力作用下使之伸直，测量其长度，计算出织缩率。伸直张力大小见表 3-1。

二、实验步骤

（1）试样准备。将经过调湿的织物试样摊平，去除折皱。在织物上画出标记长度为 250mm，宽需含 10 根以上纱线的长方形。经向 2 块，纬向 3 块。裁剪长度大于 350mm。

注意：提花织物必须保证在复杂花纹的完全组织中抽取实验用的纱线。

（2）选择测试装置。织缩率的测定目前还无专门装置，可选择符合下列要求的仪器代用。用 2 只夹钳，两夹钳间的距离可变化，每只夹钳刻有基准线，夹钳闭合时有平行的钳口面，并能看到基准线，伸直张力能通过夹钳施加到纱线上。用标有毫米刻度、长度大于 250mm 的标尺测量两夹钳间的距离。

（3）拆纱。用分析针从试样中部拨出最外侧的 1 根纱线，两端各留约 1cm 仍交织着的长度，从交织着的纱线中拆下纱线一段（防止退捻）并置入 1 个夹钳中，使纱线的标记处与基准线重合，然后闭合夹钳，再从织物中拆下纱的另一端，用同样方法置入另一夹钳。

（4）测量伸直纱线长度。使 2 只夹钳分开，逐渐达到预定张力后，测量纱线的伸直长度。每块织物测 10 根（为 1 个测定组）。

三、实验结果计算和表示

计算每块织物试样测定组纱线（10 根）的平均伸直长度，精确到小数点后 1 位。用下式计算各组的织缩率或回缩率，精确到小数点后 2 位。

$$T = \frac{L - L_0}{L} \times 100\% \tag{3-2}$$

$$T = \frac{L - L_0}{L_0} \times 100\% \tag{3-3}$$

式中：T——织缩率，%；

L——试样中拆下的 10 根纱线的平均伸直长度，mm；

L_0——标样长度，即织物试样上的标记长度，mm。

根据各组织缩率值分别计算经纱和纬纱的平均织缩率。

思考题

影响织物中纱线线密度、捻度、织缩率测试结果的因素有哪些？

第二节　织物的力学性能测试

实验 6　织物的拉伸断裂性能测试

试验仪器：YG026H 型多功能织物强力机。

测试对象：各种机织物、针织物、非织造布和土工布等。

一、概述

通常用断裂强力指标来评定日照、洗涤、磨损以及各种整理对织物内在质量的影响。因此，对于力学性质具有各向异性、拉伸变形能力小的家用纺织品都要进行该性能的检测。目前织物的断裂强力测定方法主要有两种，即条样法和抓样法。本实验采用条样法。

二、仪器结构及工作原理

YG026H 型多功能织物强力机如图 3-4 所示。

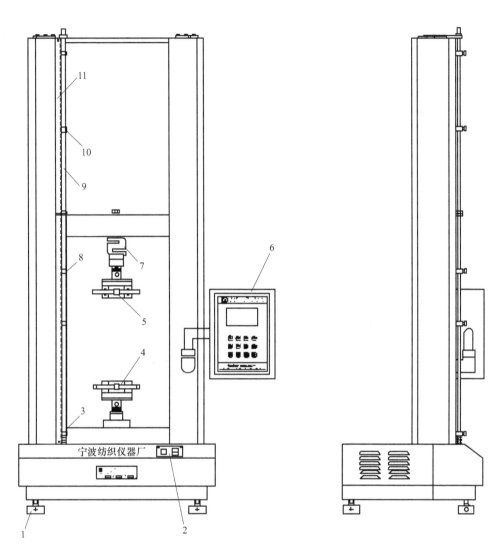

图 3-4 YG026H 型多功能织物强力机示意图

1—水平调整 2—电源开关，工作、复位按钮 3—水平泡 4—下夹头 5—上夹头
6—电器控制箱 7—传感器 8—下限位调节器 9—限位杆 10—上限位调节器 11—标尺

本仪器为精密机电一体化产品。主要包括工业级微电脑控制系统、负荷传感器、伸长检测系统、电动机输出控制系统、同步带及丝杆传动系统、上下夹持器等。

仪器按照等速伸长（CRE）原理工作，用于测定各种棉、麻、丝、化学纤维等机织物的拉伸性能、顶破性能、撕破性能、剥离强力和接缝滑移等，同时还可以测定其他复合材料的断裂强力和断裂伸长。

仪器通过判断上夹头的移动距离来检测伸长长度，通过负荷传感器来检测负荷力，负荷传感器的测量信号经由滤波、放大、模数转换后供微电脑控制系统分析处理。

三、实验方法与步骤

1. 试样准备 取织物一块，试样除不在上机、了机两端剪取外，只要布面平整，可在零布上剪取。每匹布上只取一块作为一份试样，剪取长度约为 35cm。试样必须在进行实验时一次剪下，并立即进行实验。试样不能有表面疵点。

将布样剪裁成宽 6cm，扯去纱边使之成为 5cm，长 30~33cm 的经向和纬向强伸度试条。每份试样的经纬向测试数量见表 3-3。

表 3-3 每份试样的经、纬向测试数量

布幅宽（cm）	一份样布的测试数		布条的裁剪尺寸（cm）
	经向	纬向	
110 以下	3	4	
110~140	4	4	6×(30~33)
140 以上	5	4	

剪裁供断裂强伸实验用的布条，要沿着纱路开剪，以保证扯去边纱得到 5cm 宽的布条。

2. 仪器调整和参数设定 打开主机电源，开机后预热 10min。开机后经由厂标画面后进入如图 3-5 所示画面。

```
* * * * * * *    实  时  测  量 * * * * * * *

测量次数： 000              拉力： 0000.0N

定长强力： 0000.0N          强力： 0000.0N

定力伸长： 000.0 %          伸长： 000.0 %

拉伸长度： 000.00 mm        时间： 000.0s

* * * * * * * * * 500kgf * * * * * * * * *

宁  波  纺  织  仪  器  厂
```

图 3-5 开机画面

本画面为实时测量画面，其中各参数表示的含义如下。

【测量次数】为当前实验进行的次数。

【拉力】为系统实时的拉力，一般实验前如果该处有一定力值，则需要进行【去皮】；在实时测量过程中，该画面只显示【拉力】数值。

【定长强力】为在拉伸等实验中在固定长度内，布样未被拉断，则过程中的最大力为【定长强力】。

【定力伸长】为在拉伸等实验中在一定的力值范围内，布样未被拉断，则过程中到达最大力时对应的伸长为【定力伸长】。

【强力】为测量过程中拉力的最大值，该值在实时测量过程中不显示，在做完本次实验返回后显示。

【伸长】为测量过程的伸长率，该值在实时测量过程中不显示，在做完本次实验返回后显示，此时显示为强力对应的伸长率。

【拉伸长度】为测量过程的伸长长度，该值在实时测量过程中不显示，在做完本次实验返回后显示，此时显示为强力对应的伸长度。

【时间】为测量过程的实验时间，该值在实时测量过程中不显示，在做完本次实验返回后显示，此时显示为强力对应的时间。

在本画面下，如果进行实验，可以在准备工作完成后，按下【工作】按钮即可。

在实时测量画面下，按设定键一次，进入如图 3-6（a）所示画面。

按设定键二次，进入如图 3-6（b）所示画面。

按设定键三次，进入如图 3-6（c）所示画面。

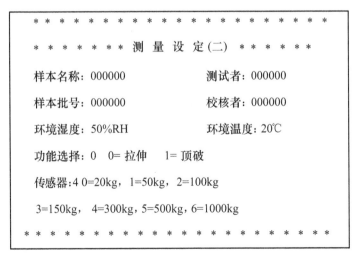

(a) 测量画面(一)

(b) 测量画面(二)

图 3-6　测量画面

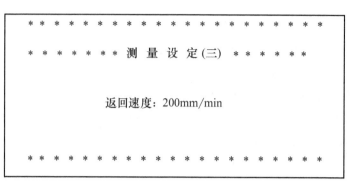

(c) 测量画面(三)

图 3-6 测量画面

按实验所需分别设置各项参数，需设置的参数有以下几个大项目：夹距，速度，定点伸长率，定点拉力，速度，力值单位，打印（统计数据全部打印）；再次按设定进入测量设定画面（二），用户可设定样本名称（数字代替）、测试者（数字代替）、环境温湿度以及功能选择，传感器，按设定第三次后，可进入测量设定画面（三）设定返回速度。

3. 开始实验 设定好参数开始做实验，把试样通过上夹头、下夹头夹好。按启动键，上夹头将自动运行拉伸，当试样断裂以后，上夹头将自动返回到预置夹距处。然后再夹好试样，按启动键，拉抻将再次自动运行。如此反复运行，直至设定的实验次数做完为止。

4. 数据统计 待试样全部做完以后，可以按【统计】键（试样次数必须达到二次及以上）查看各项测试数据。将显示每次的强力、伸长率、断裂时间及最大值、平均值、变异值等，并且按【打印】键将自动打印各项数据。打印完后按【统计】键将回到测试界面。按【统计】键显示如图 3-7 所示画面。

	最大值	平均值	变异值
强力	0050.2N	0032.2N	021.2%
定长力	0065.3N	0047.2N	012.2%
定力长	020.2%	030.2%	010.1%
伸长率	078.2%	068.1%	021.1%
时间	01231s	010.11s	013.1%
[统计] 键返回		[打印] 键打印	

图 3-7 统计画面

四、实验报告

报告应包括以下内容。

（1）说明实验是按本标准进行的，并报告实验日期。

（2）样品名称、编号、规格。

（3）实验数量。

（4）测试数值。

（5）任何偏离本标准的细节及实验中的异常现象。

思考题

1. 拉伸断裂测试应注意哪些事项？

2. 织物内纱线的细度和捻度，以及织物密度对织物断裂强力有何影响？

实验 7　织物的顶破性能测试

试验仪器：YG026H 型多功能织物强力机。

测试对象：各种织物。

一、概述

针织衣物的肘部、膝部等部位，在服用过程中不断受到集中性负荷的顶、压作用而扩张直至破坏，这种破坏作用叫顶破。由于针织物服用过程中受到顶破的作用，若仅测试针织物的拉伸断裂强力并不能反映实际穿着的情况，而利用特定设备测试出的针织物在扩张至破裂时所承受的力，就是针织物的顶破强力或胀破强力。顶破强力或胀破强力是考核针织物质量的一个重要物理指标。

二、仪器结构

YG026H 型多功能织物强力机仪器结构如实验 6 中的图 3-4 所示。

三、实验方法与步骤

（1）从样品中剪取 5 个直径为 6mm 的圆形试样。

（2）打开电源，电动机转动。

（3）将样本装入夹具中，并放入仪器相应位置。

（4）打开测试开关。

（5）织物被顶破后，主动指针慢慢回零，从动指针指示顶破最大力值，记录下数据并开始下一个样本的测试。

四、实验报告

报告应包括以下内容。

（1）说明实验是按本标准进行的，并报告实验日期。

（2）样品名称、编号、规格。

（3）实验数量。

（4）测试数值。

（5）任何偏离本标准的细节及实验中的异常现象。

思考题

1. 织物顶破测试应注意哪些事项？

2. 衡量织物顶破性能的指标有哪些？

实验 8　织物的撕破性能测试

试验仪器：YG033E 型数字型织物撕裂仪。

试验工具：织物试样、钢尺、剪刀和试样样板。

一、概述

织物中经纱或纬纱受到其轴向相垂直的外力，逐根受到最大负荷发生断裂时称为撕破强度。织物的撕破是比较常见和容易发生的一种破坏形式。由于裂口处局部受力的特殊性，织物撕裂强度远小于其拉伸断裂强度。往往由于局部撕裂破坏而造成织物失去使用价值。同时，撕破强度指标是衡量织物在使用过程中局部受力时的抗损能力的主要质量指标。织物的其他力学破坏形式（顶破、磨损等）也常都以撕破为最终破坏形式出现，为了提高织物的寿命，必须研究织物撕破。

织物撕破强度的实验方法，常用的有单缝撕破、舌形撕破、梯形撕破及单缝落锤法撕破等。目前常用的为单缝撕破。

二、仪器结构及工作原理

1. YG033E 型数字型织物撕裂仪　YG033E 型数字型织物撕裂仪结构如图 3-8 所示。

2. 工作原理　重锤从高处下落时，是重锤释放势能的过程，重锤设计在摆的适当部位；当摆回到测试的初始位置时，动夹持器和定夹持器钳口平齐并列；被测试样的规定部分夹持在仪器的 2 个夹持器钳口内；摆由重锤制动器控制储能待发；当操作人员按下"启动"键后 CPU 首先给电动切刀控制电路命令，驱动电路驱动减速电机旋转，电动切刀把试样切出标准规定切口；CPU 给重锤控制器气缸驱动电路命令，驱动电路驱动气缸使重锤控制器释放重锤；重锤推动动夹持器以摆轴为中心做弧线运动，此时试样在摆的作用下被撕裂；在重锤释放时，摆以摆轴为中心摆动，摆轴带动旋转编码器，当摆摆到最高点时，旋转编码器记录的摆的旋转角度，送给 CPU 进行处理；CPU 将处理结果统计、计算、显示，需要打印时打印机打印测得结果。

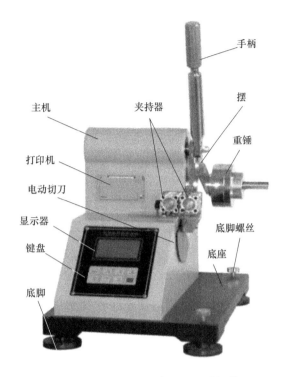

(a) YG033E型数字型织物撕裂仪(前)

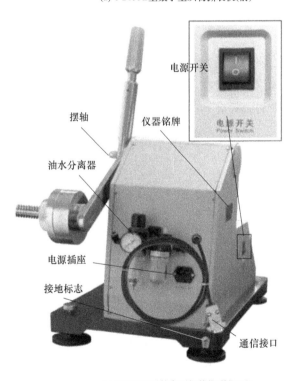

(b) YG033E型数字型织物撕裂仪(后)

图 3-8 YG033E 型数字型织物撕裂仪

三、实验方法与步骤

1. 试样制备　在离布边 150mm 以内处剪取试样的有效长度约为 100mm×63mm（不须修扯边纱），切口线长 20mm，撕裂长度 43mm。用模具或样板划线后裁剪，经向、纬向各测试五块。

2. 实验步骤

（1）仪器调整与参数设置。

（2）进行实验。

①按"实验"键进入实验状态。在复位状态下，按"实验"键切刀旋转到位准备，进入实验状态。

②将试样从夹持器上方将试样底边居中送入两个夹持器钳口，使试样底边的齐边边缘和夹持器钳口的底部平面靠实、无折叠，按"移动/夹紧"键，夹持器夹紧试样。

③按"启动/校验"键，切刀随即旋转为试样切取 20mm 切口，然后摆锤自动下落撕裂试样。

④拉起手柄轻放，使重锤置于重锤制动器定位在初始位置，按"置数/松开"键夹持器钳口松开，取下撕裂试样。

⑤重复以上步骤做完余下试样，实验结束。

（3）查询数据。实验结束后，要想查询前面几次测得结果，可以按"查询/零位"键，依次查询每次测得结果。

思考题

1. 纬向与经向纱线拉伸断裂强力和撕破强力存在差异的原因？

　提示：从经纱和纬纱的不同特点以及织物的密度、结构等方面来讨论。

2. 衡量织物撕破性能的指标有哪些？

实验 9　织物的耐磨性能测试

试验仪器：YG401G 型马丁代尔仪。

测试对象：各种毛织物。

一、概述

织物的磨损是造成织物损坏的重要原因。虽然织物的磨损牢度目前尚未作为国家标准进行考核，但组织的耐磨性实验仍是不可缺少的。它对评定织物的服用牢度有很重要的意义。

根据服用织物的实际情况，不同部位的磨损方式不同，因而织物的磨损实验仪器的种类和型式也较多，大体可分为平磨、曲磨和折磨三类。平磨是式样在平面状态下的耐磨牢度，它模拟衣服肘部与臀部的磨损状态。曲磨是使式样在一定的张力下实验其屈服状态下的耐磨度。它模拟衣服在膝部、肘部的磨损状态。折磨是实验织物折叠处边缘的耐磨牢度，它模拟领口、衣袖与裤脚边的磨损状态。三种实验仪的实验条件各不相同，其实验结果不能相互代替。

二、仪器结构及工作原理

1. YG401G 型马丁代尔仪　YG401G 型马丁代尔仪外观图如图 3-9 所示。

图 3-9　YG401G 型马丁代尔仪外观图

本仪器由微电脑变频控制，采用触摸屏操作，液晶显示；各个工位对应有一个计数显示窗口，中文显示，操作方便，直观明了；可运行 24mm×24mm、60mm×60mm 的两种李莎茹（Lissa-jous）曲线运动轨迹及 60mm 直线往返运动轨迹；可预置六套运行程序，可重复运行单一程序，可设置三种运动速度。仪器停止运行后 30min 无操作，仪器自动关机。

2. 工作原理　按实验标准规定的方法，将直径为 42mm（有效工作直径为 28.8mm）的圆形试样，装夹在夹持器中。在规定的压力下，与磨台上的标准磨料织物按李莎茹曲线的运动轨迹进行相互摩擦，以试样破损时的摩擦次数表示织物的耐磨性能或通过摩擦一定的次数，在规定的光照条件下，将磨过的试样对比标准样照，评定起球等级。

三、实验方法与步骤

（1）打开电源，用手指轻触屏幕（任意地方），屏幕显示工作界面如图 3-10 所示。

工位框中的数字表示工位号，L 表示连续计数状态，H 表示保持状态；改变程序时，触摸 1~6 号框选择 1~6 号程序；在停止状态下，触摸"设置"，进入参数设置界面；触摸"菜单"，进入菜单界面；触摸"复位"，清除已测试数据。当任务 X 的预置数不为 0 或者完成不是 100% 时轻触"启动"，仪器运行，屏幕显示如图 3-11 所示。

（2）在运行状态下，触摸其他任意按钮无反应。在停止状态下，触摸"设置"，进入参数设置，显示如图 3-12 所示。

（说明：如程序一，1000 为预置圈数，1234 为工作工位。）

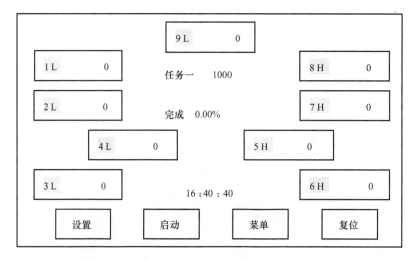

图 3-10　工作界面

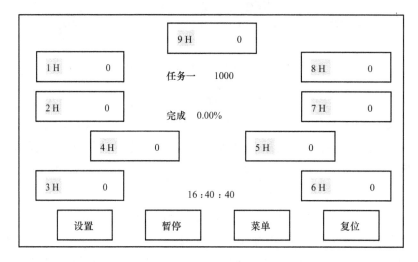

图 3-11　屏幕显示

参数设置

程序一：	1000	1234
程序二：	0	
程序三：	0	
程序四：	0	
程序五：	0	
程序六：	0	

菜单	▲	▼	设置

图 3-12　参数设置显示

（3）触摸"▲""▼"选择不同程序，反白显示表示选中。触摸"菜单"返回菜单界面。触摸"设置"进入程序数据预置界面（图3-13）。

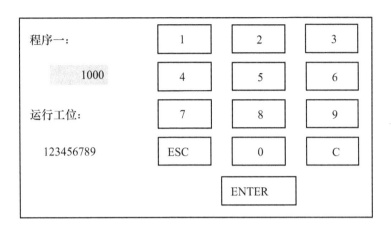

图3-13 程序数据预置界面

（4）触摸0~9号数据，改变设置数据；触摸C取消已触摸数据，或清除设置数；触摸ESC，直接返回到上一页面。触摸ENTER，确定设置数据，设置完成，返回到上一页面（图3-14）。

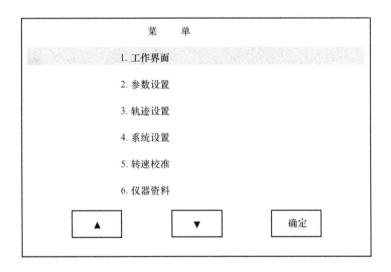

图3-14 设置数据

（5）触摸"▲""▼"选择不同程序，反白显示表示选中。触摸"确定"进入相应的菜单界面（图3-15~图3-17）。

图3-15~图3-17为轨迹设置方法的图示，触摸"▲""▼"选择不同的摩擦方式，根据图示方法，安装驱动轴。触摸"确定"，返回菜单显示界面（图3-18）。

（6）触摸"▲""▼"选择对应行，触摸"设置"对应的设置区域反白显示，触摸"▲""▼"可以对其进行修改。触摸"菜单"返回菜单界面。

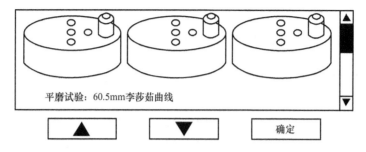

图 3-15　平磨试验轨迹设置

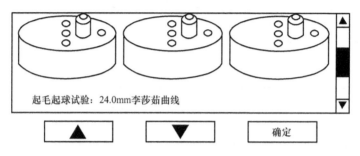

图 3-16　起毛起球试验轨迹设置

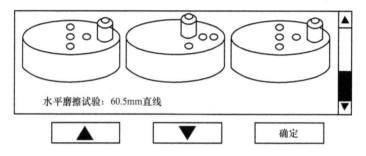

图 3-17　水平磨擦试验轨迹设置

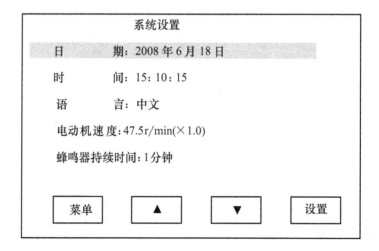

图 3-18　系统设置界面

图 3-19 为转速校准界面，触摸"启动"，电动机运转。原来显示的"启动"变为"停止"，根据显示数据确定是否是要求的转速。触摸"停止"，电动机停止运转。触摸"确定"，返回菜单界面。

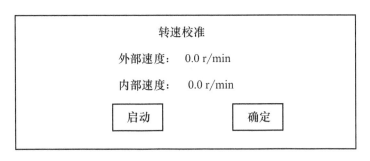

图 3-19　转速校准界面

四、织物耐磨性能的测定

观察外观性能的变化一般是采用在相同的实验条件下，经过规定次数的磨损后，观察试样表面光泽、起毛、起球等外观效应的变化，通常与标准样品对照来评定其等级。也可以采用经过磨损后，用试样表面出现一定根数的纱线断裂，或试样表面出现一定大小的破洞所需要的摩擦次数，作为评定依据。

思考题

叙述织物磨损过程中的破坏情况？

第三节　织物的外观保形性测试

实验10　织物的抗起毛起球实验

试验仪器：YG502B 型织物起毛起球仪。

试验工具：起毛起球样照、剪刀、织物试样。

一、概述

织物在日常使用、实际穿用与洗涤过程中，不断经受摩擦，在容易受到摩擦的部位上，织物表面的纤维端由于摩擦滑动而松散露出织物表面，并呈现许多令人讨厌的毛茸，既为"起毛"；若这些毛茸在继续穿用中不能及时脱落，又继续经受摩擦卷曲而互相纠缠在一起，被揉成许多球形子粒，通常称为"起球"。织物起毛起球会使织物外观恶化，降低织物的服用性能，特别是合成纤维织物，由于纤维本身抱合性能差，强力高，弹性好，所以起球更为突出。目前起毛起球已成为评定织物服用性能的主要指标之一。

二、仪器结构

YG502B 型织物起毛起球仪如图 3-20 所示。

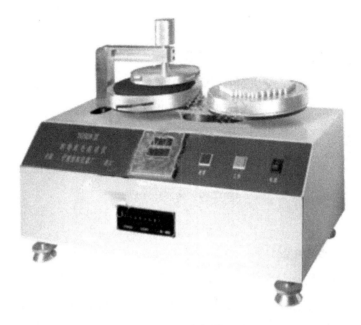

图 3-20 YG502B 型织物起毛起球仪

三、实验方法与步骤

（1）接通电源，打开仪器开关。

（2）将试样正确牢固地夹入试样夹头，试样下面垫以泡沫塑料，正面向外。

（3）选择合适的试样夹头压力，不同类型织物加压如下。

①化学纤维织物压力为 5.88N（600gf）。

②精梳毛织物压力为 7.85N（800gf）。

③粗梳毛织物压力为 4.90N（500gf）。

（4）预置摩擦次数，各类织物的摩擦次数如下。

①化学纤维长丝针织物，先在尼龙刷上摩擦，后在磨料上摩擦各 50 次。

②化学纤维长丝机织物和化学纤维短纤机织物，先在尼龙刷上摩擦，后在磨料织物上摩擦各 50 次。

③精梳毛织物，直接在磨料织物上摩擦 600 次。

④粗梳毛织物，直接在磨料织物上摩擦 50 次。

（5）放下夹头，使试样与毛刷平面接触。

（6）按下电源开关至"ON"位置，指示灯（POWER）亮。按启动键（MOVE），仪器开始运转，进行起毛实验。实验中可随时按下暂停键（STOP）观察试样的变化形态，总摩擦次数自动累积。

（7）预定次数自停后，将下夹头提起旋转 180°换成标准磨料。

（8）放下夹头，使试样与磨料平面接触，进行起球实验。自停后取出试样评定等级。

四、实验结果与评价

实验结束后根据标准样照进行评级。评级时以起球程度为主要依据。

5 级——不起球；4 级——有少量起球；3 级——中等数量起球；2 级——严重起球。

思考题

影响织物起毛起球的因素有哪些？

实验 11　织物抗钩丝性能测试

试验仪器：YG518 型织物钩丝仪。

试样：化学纤维、棉、毛、麻、丝等各种纯纺、混纺以及树脂整理织物。

一、概述

本仪器适用外衣类针织物和机织物及其他易勾的织物，特别是适用于化学纤维长丝及其变形纱织物的勾丝程度，不适合网眼结构和非织造及簇绒织物。

根据国家标准 GB/T 11047—2008　纺织品织物钩丝实验方法，而本仪器是贯彻实施此标准的必备仪器。因此，在使用本仪器前，应认真阅读此标准。

二、测试原理及仪器结构

1. YG518 型织物钩丝仪结构　YG518 型织物钩丝仪结构示意图如图 3-21 所示。

2. 测试原理　织物包在转筒上，钉锤自身的重力靠在转筒的表面上。转筒的转动，迫使钉锤的针钉嵌入织物的表面。当转筒以恒速转动时，钉锤在试样表面随机翻转、跳动，达到钩丝目的。

三、实验步骤

（1）准备工作。按 GB/T 11047—2008 准备试样，检查钉锤是否有断针或少针（要更换或修复），检查毛毡表面是否变得粗糙、出现小洞、严重磨损

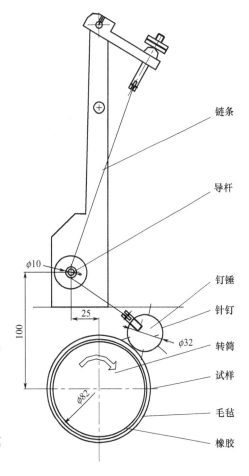

图 3-21　YG518 型织物钩丝仪结构示意图

等现象（必须更换）。

（2）接通电源，闭合电源开关。

（3）通电后计数器显示，上排显示上次用户设定的数据，下排显示实际转动的圈数。按"清零"键，下排的实际转动数据被清零，此时按"工作"键，电动机开始转动。

（4）若设定数上的数据不是用户所需的数据，则按"设定"键，个位数开始闪烁，用户可按"◄"移位，按"▲"键设定所需的数，设定所需要的数值后，按一下"设定"键，退出设定状态，所设定的数据被记忆。

（5）按"工作"键，仪器运行，计数器开始计数。在计数过程中，需要暂停，可按"工作"键使仪器断电而暂停工作，再次按"工作"键则仪器重新启动工作。

（6）当计数器计数至用户设定的圈数时，即计数器上下排显示的数据相同时，仪器停止工作，此时计数器上的状态指示灯闪烁，内部报警器响起，提示用户实验完毕。

四、实验结果

（1）从转筒上取下试样，展开试样，评定试样。

（2）评定标准依照国家标准 GB/T 11047—2008。

思考题

如何保养仪器，特别是刺辊的保养？

实验12　织物抗皱弹性测试

试验仪器：YG541B 型织物折皱弹性仪。

试样：化学纤维、棉、毛、麻、丝等各种纯纺、混纺以及树脂整理织物。

试验用具：剪刀、尺子、铅笔。

一、概述

抗皱性能是织物的一项重要物理指标，本仪器是用来测量从薄到厚各类织物（如化学纤维、棉、毛、麻、丝等各种纯纺、混纺以及树脂整理）的折皱弹性的，能够在织物常温状态下测得其急、缓折皱弹性指标，是纺织、印染、商检有关科研单位、大专院校，指导生产、质量监测、织物研究的必不可少的测试仪器，与本仪器测试布样的相关标准为 GB/T 3819—1997。

二、仪器结构及工作原理

1. YG541B 型织物折皱弹性仪结构　YG541B 型织物折皱弹性仪结构图如图 3-22 所示。

2. 工作原理　用规定的重量（10N）、时间加压于对折的试样布翼上，释重后在规定时间测出试样折皱回复角度，作为织物抗皱性能优劣的依据。

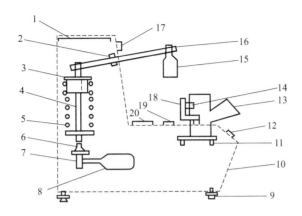

图3-22　YG541B型织物折皱弹性仪结构示意图

1—电器线路板　2—锤杆支架　3—固定电磁铁架　4—滑动电磁铁架　5—释放弹簧
6—三角顶块　7—变速箱　8—电动机　9—水平调节块　10—仪器侧面外壳线
11—投影仪滑动轮　12—程序（读数）批示灯　13—投影屏　14—试样布　15—重锤
16—重锤杆　17—程序指示灯　18—试样小翻板　19—小磁铁　20—水平泡

三、实验方法与步骤

1. 试机方法

（1）接上三相四线电源，确认安全接地。

（2）电源检查。拧转仪器上的电源开关，使仪器通电，此时电源指示灯亮。

本仪器装有相序保护继电器，在三相电源反相或缺相时电源自动断开。这时，应先检查三相电源是否缺相，若电源正常，则问题是相序不对，必须对换三相电源的任意两相。

（3）复位（复零）方法。通电后，按一下仪器右边的"手动"按钮，即可使程序复位至待测试状态，若电动机不在原始位置，将自动返回（15s内启动电动机)，待程序指示灯和电动机指示灯都亮时，即为本仪器的原始状态。

（4）推平10块试样小翻板（图3-22中的18），看是否都吸合。

（5）按工作按钮，在15s之内电动机启动，观察10只重锤压下及跳起是否符程序表所述，有否异常。

（6）等缓弹程序结束，程序指示灯亮，仪器即回到原始状态。

2. 仪器使用

（1）实验前，先剪凸形试样，一块试样布剪三批小试样，分三次做实验，试样布要未经熨烫，所取试样离边10cm以上，试样剪下后须水平放置24h以上才能用于实验。

（2）整机在原始状态时，推平小翻板，将试样逐个夹入，5经在前，5纬在后，试样折痕线与翻板小红线重合。

（3）开启工作按钮，把左边第一个试样用试样手柄将其按折痕线弯曲，压上有机玻璃压板，待重锤下来压平，从左到右依次压好10个试样。

（4）当第一只重锤压重 5min 后喇叭报警，同时第一只重锤跳起，做好投影仪读取试样 1 数据准备，当第一只指示灯亮时读下试样 1 的数据（此时试样释重已 15s）。从左到右依次读下并记录 10 个试样数据。

（5）仪器进行延时，在喇叭报警后，等左边第一只指示灯亮，读试样数据，作为缓弹性数据，从左到右依次读下并记录 10 个试样数据，程序指示灯亮整个过程完毕。

四、实验结果

1. 试样数据的提取

（1）每次实验所记录各急缓弹性数据，其中急弹性数据供参考用，将缓弹性数据进行文字整理，计算出 5 经 5 纬平均值。

（2）计算出一块试样布的三批平均值之经平均值（$\overline{T}$）和纬平均值（$\overline{W}$）。

（3）取 $\overline{T}$ 加 $\overline{W}$ 之和。

2. 投影仪与读数法　光学投影仪装在与试样翻板平行的轨道上，用手推动来对试样逐个进行读数。

试样在观察屏幕上的投影位置，应使试样根部（角度的 O 点，也即折痕点），离开观察屏幕中心点 4~5mm，如图 3-23 所示。

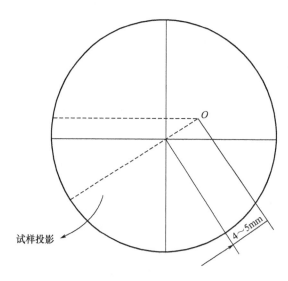

试样投影

4~5mm

图 3-23　试样投影图

投影仪请勿随意折动，投影仪各光学仪器绝对避免与粗糙物品接触，若有灰尘，造成投影模糊，可用皮老虎吹除，必要时用镜头纸或酒精清洗，若反射镜表面擦毛，则将影响反射率、折射率。

思考题

在测定折皱回复角时，试样的自垂对测量结果是否有影响？

实验 13 织物的褶裥保持性测试

测试对象：各种织物。

一、概述

褶裥保持性是指织物经熨烫形成的褶裥（包括轧纹、折痕）经洗涤后仍能持久保形的性能。褶裥保持性实质上是大多数合成纤维织物热塑性的一种表现形式。由于大多数合成纤维是热塑性高聚物，因此，一般都可通过热定形处理，使这类纤维或以这类纤维为主的混纺织物，获得使用上所需的各种褶裥、轧纹或折痕。

对于裤、裙及某些装饰用织物，褶裥保持性很重要。

标准 FZ/T 20022—2010《织物褶裥持久性试验方法》适用于毛涤混纺、纯毛产品及其仿毛产品。

二、实验原理

将织物在一定条件下熨烫形成褶裥，经洗涤干燥后，将其放入评级箱，与标准样照对比，进行目测评级。

三、实验步骤

（1）试样准备。经向 120mm、纬向 100mm 的试样 2 块。

（2）试样正面朝外，沿经向对折，用缝线固定其位置，保证褶裥在同一经纱上。

（3）试样放在熨垫上，上面覆盖 2 层经水浸湿的熨布（用手挤干，以不滴水为宜）。

（4）电熨斗加热至 155℃，待降温到 150℃时，将熨斗压在试样上 30s，然后拆去缝线。

（5）将熨好的试样放在冷空气中至少冷却 6h，再用单层干熨布覆盖试样，压烫 30s，然后拆去缝线。

（6）展开试样，在溶液中浸 5min（浴比 1∶50，合成洗剂浓度为 3g/L，温度为 40℃±2℃）。提起试样，顺着烫缝轻擦 15 次。再从另一端轻擦 15 次，2 次共约 1min。然后用 20~30℃的清水漂洗 2 次。用夹子夹住试样，展开一角悬垂晾干。在标准大气条件下进行试样调湿 2h。

四、评定等级

（1）由 3 名评级者，各自对试样逐块进行评级。

（2）评级时，将试样放入评级箱内，灯光位置应与试样褶裥平行，对比标准样照，评出试样级别。

（3）褶裥保持性分 5 级。1 级最差（褶裥基本消失），5 级最好（褶裥很明显，顶端呈尖角状，灯光照射下背光面有明显的阴影）。

思考题

影响织物褶裥保持性测试结果的因素有哪些？

实验 14　织物悬垂性测试

试验仪器：YG811E 型织物悬垂仪。

试样：纺织服装面料，试样直径为 240mm 或直径为 300mm 的各种纺织品若干块。

一、概述

纺织品的悬垂性是服装、床上用品及产业用纺织品重要的性能。织物因自重而下垂的性能称为悬垂性。它反映织物悬垂程度和悬垂形态。悬垂系数是指试样下垂部分的投影面积与原面积相比的百分率，它是描述织物悬垂程度的指标。对于某些裙类织物、舞台帷幕等都应具有良好的悬垂性。主要用于测定各种织物的动、静悬垂性能指标：悬垂系数、投影周长、悬垂性均匀度、悬垂波数等。

二、工作原理

由测试主机中的数码相机采集被测试样的动/静态悬垂图像，然后直接输入计算机。试样的旋转速度可调，从而可得到在不同转速下试样的悬垂特性。计算机对采集到的图像信息进行数据处理后，将试样的动、静悬垂投影图像、波纹坐标曲线和数据报表显示在显示器上，并由打印机复制输出。适用标准：GB/T 23329—2009。

三、实验方法与步骤

（1）实验前准备。打开悬垂仪软件，单击"实验环境查看/设置"按钮，出现如图3-24所示

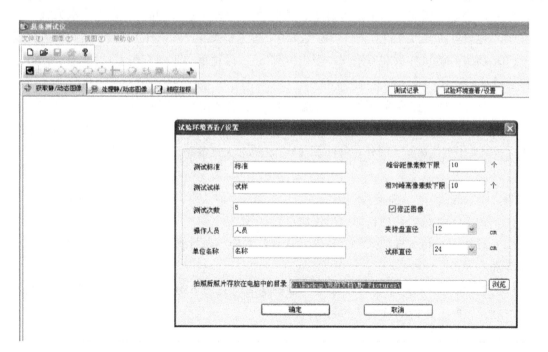

图 3-24　悬垂仪软件界面内容

界面，输入相应的试样编号、试样规格、试样数量、操作人员、公司名称。峰谷距像素下限及相对峰谷距像素下限已经设置好，不建议用户自己修改。修正图像是进行图像修正用的，如果只放夹持盘则不能勾选此项。用户根据自己需要选择夹持盘直径及试样直径（仪器的夹持盘直径为18cm时，先使用直径为30cm的试样进行预试验并计算悬垂系数，若悬垂系数为30%~85%，则所有试验的试样直径均为30cm，否则为24cm；仪器的夹持盘直径为12cm时，所有试验试样的直径均为24cm）。

（2）实验操作。设定好参数后，在仪器右上角点击新建按钮 ⬚，将试样架升降开关向下拨，使试样架下降到底端，将基准板（φ12cm或φ18cm）放在电动机转盘上，将试样放到基准板上，放上试样压板（φ12cm或φ18cm）再将试样架升降开关向上拨，使试样架上升。点击直接拍摄按钮 ⬚，选择"拍摄模式调整"，先将"自动曝光模式"设置为"手动"，再调整AV、TV、ISO感光度使试样边缘清晰。再点击"长角和滤波设置"，自动对焦操作中选择"自动对焦锁定"。按"松开快门" ⬚ 按钮（拍静态图像），打开仪器面板上的"动/静"开关，调整转速，按"松开快门" ⬚ 按钮（拍动态图像）。点击"保存"键保存（如果实验结果不理想可不点击保存，直接进行下次实验）。

四、实验结果

（1）该仪器可以自动打印输出结果，织物悬垂系数按式（3-4）计算：

$$F = \frac{G_2 - G_3}{G_1 - G_3} \times 100\% \tag{3-4}$$

式中：G_1——与试样相同大小的面积，cm^2；

　　　G_2——与试样投影面积图相同大小的面积，cm^2；

　　　G_3——与夹持盘相同面积大小的面积，cm^2。

（2）记录试样名称、试样尺寸、仪器型号、温度、相对湿度、原始数据。

思考题

1. 织物的悬垂性与织物结构有什么关系？
2. 织物的悬垂性测试方法及指标计算有哪些内容？
3. 用此方法测试悬垂性，哪些因素对实验结果有直接影响？

实验15　织物的免烫性测试

测试对象：各种织物。

一、概述

免烫性指织物洗涤后不经熨烫所具有的平整程度。它可衡量服装的洗可穿特性，也可用来评定棉、丝绸织物等免烫整理效果。

二、实验原理

将织物试样按一定的洗涤方法处理干燥后，根据试样表面折痕状态，与标准样照对比，在评级箱内目测评定。分5级，1级最差，5级最好。也可采用免烫整理前后相互对比评定，并用文字加以说明。

三、实验步骤

织物免烫性测定，根据洗涤处理方法及干燥方法不同，有以下几种。

1. 拧绞法 在一定张力下，对经过浸渍的织物试样加以拧绞，释放后，根据织物表面的平整程度，如凹凸条纹数、波峰高度等，对比标准样照，目测评级。计算3块试样的算术平均值，精确至0.5级。

2. 落水变形法 适用于精梳毛织物及毛型化学纤维织物。

截取一定尺寸的试样2块，浸入一定温度的溶液（按要求配制）中，经一定时间后，用手拿住两角，在水中轻轻摆动，时而提出水面，时而放入水中，反复几次后取出试样，并在滴水状态下悬挂，自然晾干，直至与原重相差±2%时，进行对比评级。

3. 洗衣机洗涤法 将织物试样按照一定条件洗涤，甩干，摊放（不用力）干燥后（也可甩干后，再用转笼烘干）与标样对照评级。该法与服装的实际洗可穿性最为接近。

四、评定等级

（1）由各评级者，各自对试样逐块进行评级。

（2）评级时，将试样放入评级箱内，对比标准样照，评出试样级别。

思考题

织物免烫性与织物褶裥保持性有什么关系？

实验16 织物的缩水率测试

试验仪器：YG701E型全自动缩水率实验仪。

试样：化学纤维、棉、毛、麻、丝等各种纯纺、混纺以及树脂整理织物。

试验用具：剪刀、钢尺、铅笔、烘箱。

一、概述

缩水率是表示织物浸水或洗涤干燥后，织物尺寸产生变化的指标，它是织物的重要服用性能之一。缩水率的大小对成衣或其他纺织用品的规格影响很大，特别是容易吸湿膨胀的纤维织物。在裁制衣料时，尤其是裁制由两种以上的织物合缝而成的服装时，必须考虑缩水率的大小，以保证成衣的规格和穿着的要求。

二、仪器的主要特点

（1）本仪器为卧式水平滚筒型，内外桶尺寸及加热要求完全符合 GB/T 8629—2001 及 ISO 5077—2007、ISO 6330—2012 等的规定；采用工业级设计，全悬浮超低振动设计，运转稳定可靠。适合长时间测试的苛刻要求。

（2）微机处理器控制，共有 12 个标准程序可供用户选择：1–10 GB/T 8629—2001 标准中的 1A~9A，10 为仿手洗的洗涤程序，11~12 为 IWSTM31 标准中 5A、7A 的洗涤程序。另有 6 个自由设定程序存储，用户也可将 12 个标准中的任意 1 个进行修改，并将修改后的程序另存到 6 个自设定程序中，作为自定义标准使用。

（3）用户也可完全自行设计缩水率程序进行存储。

（4）人性化设计。大液晶显示器，数字显示清晰，采用菜单式输入，按相应键即可进入退出。开机后自动进入用户最后一次使用过的程序，便于用户操作。

（5）独特打印功能。用户通过将所测的缩水率相应数据直接录入到仪器上，仪器将计算所得的缩水率及平均缩水率打印出来。

（6）自由的水位设定，采用新型压力传感技术，确保用户的水位控制需求（在 8~15cm 范围内作任意设定）。

（7）采用变频控制技术，电动机安全有保障，运行平稳。用户还可根据自身需求设定洗涤转速（20~60r/min）及脱水转速（300~700r/min）。

（8）安全的排水方式，即使是再多的纤维脱落也不会堵住仪器。特别适合半成品织物的测试。

（9）按键说明（图 3-25）。

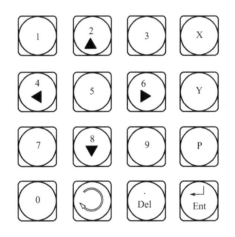

图 3-25　YG701E 型全自动缩水率实验仪按键图

① "1"——数字1功能。

② "2"——数字2及向上移动功能。

③ "3"——数字3功能。

④ "4"——数字4及向左移动功能。

⑤ "5"——数字5功能。

⑥ "6"——数字6及向右移动功能。

⑦ "7"——数字7功能。

⑧ "8"——数字8及向下移动功能。

⑨ "9"——数字9功能。

⑩ "0"——数字0。

⑪ "DEL."——退出或中断程序及设定时移位功能。

⑫ "ENT"（绿色）——确定功能。

⑬ "X"——纬向缩水率计算。

⑭ "Y"——经向缩水率计算。

⑮ "P"——打印缩水率计算结果。

⑯ "]"——（红色）程序死机强制复位键。

三、仪器显示及操作

（1）开机界面说明（图3-26）。

```
┌─────────────────────────────────────┐
│                                       │
│    YG701E型全自动织物缩水率实验机      │
│                                       │
│  标准程序：12个      自定程序：0个     │
│                                       │
│            手动操作                   │
│                                       │
│            打印处理                   │
│                                       │
│    2005年1月1日00：00：05秒           │
│                                       │
└─────────────────────────────────────┘
```

图3-26 开机显示界面

（2）标准程序。1-10为GB/T 8629—2001标准中的1A~9A，10为仿手洗的洗涤程序，11~12为IWSTM31标准中5A、7A的洗涤程序。

（3）自定程序。指用户通过修改标准程序或自己编程一套适合用户需要的程序，可存储6个。后面指示的个数指示用户已用了几个。

（4）手动操作。用户可操作单个动作：进水、排水、加热、脱水。

（5）打印结果。打印用户缩水率结果。

（6）2005年1月1日00：00：05秒：设定当前时间。

（7）操作开机界面。用户需要执行标准程序时，应显示：标准程序：12个；自定程序：2个，此时按"ENT"键，将进入标准程序界面如图3-27所示。

四、实验步骤

（1）开机。连接电源，开启电源开关，右旋急停开关，电源被开启，出现宁波纺织仪器厂厂标后进入开机界面（图3-26）。

（2）自动程序的操作。开机进入图3-26所示界面，选中标准程序：12个，自定程序：0个。

按ENT键进入图3-27所示标准界面，如程序号是用户所需而光标又在运行处，则直接

```
程序01              洗涤/漂洗        状态：00：00

      水位：10cm              进水搅拌：正常

      时间：15min             加热搅拌：正常

      温度：92℃              洗涤搅拌：正常

      加热：二次             排水搅拌：正常

      冷却：要               洗涤转速：52r/min

   选择      修改      保存      运行      返回
```

图 3-27　标准程序执行界面

按 ENT 键，程序即进入自动工作状态。

如果所显示的程序不是用户所需，则通过左、右键移动到选择，按 ENT 进入选择程序号，操作数字键及 DEL 键选择好所需的程序，按 ENT 键回到选择，移动光标至运行处，按 ENT 键即执行用户所选的程序号。

（3）手动编程自定义程序的操作。进入标准程序界面，移动到选择键处选择任意一个标准程序，如程序 05，然后移动到保存，将程序存储为 13~18 中的任意一段，如果程序已储满则通过数字键输入相同程序号，前面所储将被此次覆盖。例：原来 16 的程序号，用户此次再输入 16 则原来的 16 号程序已被新存储的程序代替。

五、异常现象及处理方法

1. 水位不正常

（1）程序执行进水状态，桶内水位已很高但显示水位为 00，或排水时桶内水已被排干，但水位显示仍有水位；检查水位检测的管道，有无被堵住。

（2）程序执行完进水，水位也显示正常但仍进水；进水电磁阀可能被水中的杂物卡住或损坏。

（3）程序执行排水，出水量小或不出水；检查排水泵清污口，清理掉内部的织物、毛绒脱落物。

2. 内桶转动无力或带不动负载　打开后面的门，查看皮带是否松弛，调节电动机的安装螺丝，调紧皮带张力或更换皮带，此项应六个月常规检查一次，使仪器处于最佳工作状态。

3. 加热故障

（1）手动状态时不加热。查看水位是否达到设定水位。

（2）加热很慢或不加热。请电工检测加热管是否损坏。

（3）程序执行中发现水温不受控制，水被加热到沸水状态，排水后，桶内出现红光，之后不加热；控制加热的 SSR（固态继电器）损坏，引起电热管通电后发红烧坏，更换 SSR 及电热管。

（4）程序执行当中内桶不转。当程序执行完进水，水位达到设定的值后，程序执行加热，用户的电源电压，由于加热的执行而急剧下降，引起低于变频最低工作电压（180V）左右，变频保护而不工作。请客户另行选择电压情况合适时做实验。

（5）出现死机，按任何键都无反应或显示无。任何用微电脑控制的设备都有死机的可能性，按 "]" 或紧急开关，重新启动。

六、其他注意事项

1. 水位标定。当出现水位不准或自来水压力不均匀时需要重标定水位请依如下操作。

（1）标定 00 水位。进入手动操作界面，选择进水，当水位与内桶最底面相平时，此时是 00 水位，按 "X" 键同时按一下 "]" 键，程序复位后松开 "X" 键，00 水位被重新标定。

（2）标定 13 水位。进入到手动操作界面，打开门竖放一直尺，关紧门后，选择进水，若水位指示已是 13 水位但直尺未到 13cm，此时应从加料口注水直至 13cm，按 "Y" 键同时按一下 "]" 键，程序复位后松开 "Y" 键，13 水位被重新标定。

（3）恢复出厂标定值。当水位被标定后失准，而又无法标回时；这时按住 "ENT" 键同时按一下 "]" 键，程序复位后松开 "ENT" 键，水位恢复出厂值（可在此基础上重新标定或已准确直接使用）。

2. 清理排水泵 打开后门，找到排水泵，在水泵的下面放置一盆器，以免清理排水泵时水流出，将排水泵前部的一字塑料拧开，取出即可清理内部的纱等洗下物。请定期清理。

思考题

实验中要洗涤的样本干质量没有达到标准规定的总负荷（干质量）要求时，应该采取什么措施？

实验 17　织物汽蒸收缩率测试

试验仪器：YG 742 型织物汽蒸收缩仪。

试样：化学纤维、棉、毛、麻、丝等各种纯纺、混纺以及树脂整理织物。

试验用具：剪刀、尺子、铅笔。

一、仪器结构及原理

1. YG 742 型织物汽蒸收缩仪结构　YG 742 型织物汽蒸收缩仪结构示意图如图 3-28 所示。YG 742 型织物汽蒸收缩仪面板说明如图 3-29 所示。

［计时器归零键］：按下后，计时器时间清零。

［加热开关］：按下后，蒸汽发生器开始加热，［加热时间］计时器开始计时至

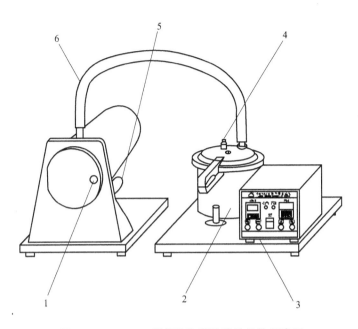

图 3-28　YG 742 型织物汽蒸收缩仪结构示意图

1—汽蒸缸　2—汽蒸发生器（压力锅）　3—控制箱　4—安全阀　5—排汽管　6—进汽导管

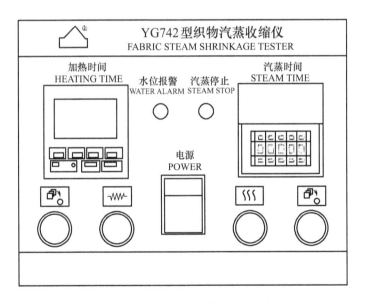

图 3-29　YG 742 型织物汽蒸收缩仪面板说明

设定值。［水位报警］：指示灯亮，并讯响器发出声音报警，此时应检查蒸汽发生器的水位，加至规定水位后才能按下［加热开关］继续加热，每使用一个工作周期以 60min 为限；

　　$\boxed{\text{\textsf{\scriptsize 多}}}$ ［汽蒸开关］：按下后［汽蒸时间］计时器开始计时至设定值，［汽蒸停止］指示灯亮。

2. 实验原理　织物在不受压力的情况下，经蒸汽作用，测量汽蒸前后织物的经、纬向尺寸变化，计算出经、纬向平均汽蒸收缩率。

二、实验方法与步骤

（1）仪器调试工作结束后，即可进入试验程序。

（2）按方法标准要求准备好试样。

（3）开启电源开关，按一次［加热开关］，声光提示消失，此时蒸汽发生器开始加热；若加热时间已到设定值，则按一次加热时间［计时器归零键］。待蒸汽缸出汽管有蒸汽排出时，则说明蒸汽发生器加热正常。

（4）把4块试样分别放在试样架的各层上，放入蒸汽缸内并立即关紧蒸汽缸门，并按一次［汽蒸开关］，［汽蒸时间］计时器开始计时，至设定值后停止计时，且［汽蒸停止］信号灯亮。

（5）从蒸汽缸内移出试样，冷却30s后再放入蒸汽缸内，按一次汽蒸时间［计时器归零键］，再按一次［汽蒸开关］，重复汽蒸冷却步骤，如此进出共3次。

（6）三次循环后把试样放置在光滑平面上冷却。

（7）按方法标准规定，预调湿后，量取标记间的长度为汽蒸后长度，精确到0.5mm。

（8）试样结束，应关闭电源开关，并打开蒸汽缸门。

（9）实验结果计算。

$$汽蒸收缩率=\frac{汽蒸前长度-汽蒸后长度}{汽蒸前长度}\times100\% \tag{3-5}$$

思考题

实验中哪些因素可以直接影响实验的效果？

实验18　织物刚柔性实验

试验仪器：YG（B）022D型自动硬挺度仪。

试样：纺织服装面料，试样在织物上量取20mm×150mm的试样三条。

一、概述

织物的刚柔性，是指织物的抗弯刚度和柔软度。织物抵抗其弯曲方向形状变化的能力，称为抗弯刚度。抗弯刚度常用来评价相反的特征——柔软度。刚柔性的测定方法很多，都是根据抗弯刚度越大越难弯曲的原理。

目前，国内外测定刚柔性的方法有很多，其中最简单的方法是采用斜面法，其实验原理是将一定尺寸的织物狭长试条作为悬臂梁，根据其可挠性，可测试计算其弯曲长度、弯曲刚度与抗弯弹性模量，作为织物刚柔性指标。

二、工作原理

在YG（B）022D型自动硬挺度实验仪上，试样被作为均布载荷悬臂梁平直于工作台上，通过驱动机构使其沿长度方向作匀速运动。当试样被从工作平台上推出，因自重作用弯曲下垂，接触斜面检测线时，测得伸出长度 L，计算得出抗弯长度也称作悬垂硬挺度和抗弯刚度（也称弯曲硬挺度）两个力学指标。

三、实验方法与步骤

（1）斜面法。取 2cm 宽、约 15cm 长的织物试条放在一端连有斜面的水平台上，在试条上放一滑板，并使试条的下垂端与滑板平齐。实验时利用适当的方法将滑板向右推出，由于滑板的下部平面上附有橡胶层，因此，带动试条徐徐推出，直到由于织物本身重量的作用而下垂触及斜面为止。试条滑出长度可由滑板移动的距离而得到，由此计算有关织物刚柔性的指标。根据抗弯刚度越大越难弯曲的原理，作为评价被测材料刚柔性能硬挺度的测试指标。

（2）测量角度分 41.5°、43°、45° 三种。抗弯长度（mm）与抗弯刚度（g/m²）计算公式如下。

当测试角度为 41.5° 时：

抗弯长度 $\qquad\qquad\qquad C \approx L/2$

抗弯刚度 $\qquad\qquad\qquad B = G \times C_3/10$ （3-6）

式中：G——试样单位面积质量，g/m²；

L——伸出长度，mm。

当测量角度为 45° 时：

抗弯长度 $C = 0.487L$

抗弯刚度 $B = G \times 0.1155L_3/10$

当测量角度为 43° 时：

抗弯长度 $C = 0.5L$

抗弯刚度 $B = G \times 0.125L_3/10$

（3）测试方法分两种。

①A 法。试样经向、纬向各进行 N 次测试。

②B 法。试样正向、反向分别测试。

（4）实验步骤。

①调整仪器底角螺丝使仪器处于水平状态，接通电源，按下仪器电源开关。

②设定实验测试参数，检查并调整角度调节旋钮，使检测线指示器指示在需用的位置，并与设定值一致。

③将试样正面向上平放在硬挺度仪工作平台上，使试样端与托板前端对齐，试样投影与翻板重叠。

④将翻板落下压在试样上（注意是否对正试样），按下"工作"键，仪器开始测试，翻板以设定的速度带动试样同步向检测斜面方向运动，当试样下垂端刚接触斜面检测线时，仪器自动停止测试，并返回至初始位置停下，记录测量的伸出长度值，仪器计算抗弯长度、抗弯刚度。

⑤如果是用 A 法，则取出试样，准备进行下一次实验；如果是 B 法，则将试样反面向上再测试一次。

⑥测试完设定次数的试样后，按复合键"打印"（同时按下"设定""→"两键）打印测试报表；也可按"检索"键在中文液晶显示屏观察测试结果。

⑦测试全部结束后，切断电源，清洁仪器。

四、实验结果

弯曲长度在数值上等于单位密度的织物、单位面积重量所具有的抗弯刚度的立方根。弯曲长度数值越大，表示织物越硬挺而不易弯曲。弯曲刚度是单位宽度的织物所具有的抗弯刚度。弯曲刚度越大，表示织物越刚硬。弯曲刚度随织物厚度而变化，其数值与织物厚度的三次方成比例。以织物厚度的三次方除弯曲刚度，可求得抗弯弹性模量，它是说明组成织物的材料拉伸和压缩的弹性模量。抗弯弹性模量数值越大，表示材料刚性越大，不易弯曲变形，它与织物厚度无关。

思考题

1. 弯曲长度数值大小与织物什么风格相对应？
2. 织物弯曲长度与织物什么性能有关系？

实验 19　织物光泽的测试

试验仪器：YG814-Ⅱ型织物光泽仪。

试样：纺织服装面料，试样为长 100mm、宽 100mm 的各种纺织品 3 块。

一、概述

织物风格是织物本身固有的物理性能作用于人的感官所产生的效应，总的来说，织物风格主要包含触觉与视觉两方面效应。触觉效应主要是指织物与人手和肌肤间接触时的感觉；视觉主要是涉及织物光泽是否柔和悦目，颜色是否鲜明，花型是否美观，呢面是否平整，边道是否平直等。

织物风格的评定方法有感官评定与仪器测定两大类。仪器评定是设备对织物的光泽所引起的反应以及对织物外观的反射做出风格的评价，所以比较客观。

二、工作原理

光源发出的平行光以 60°入射角照射到试样上，检测器分别在 60°角位置上，测得来自织物的入射光和漫反射光，经过光电转换和模数转换用数字显示光强度，以对比光泽度（即入射光强度与漫反射光强度的比值）表示织物的光泽度。

三、实验方法与步骤

（1）校准仪器。开机预热 30min；将暗筒放在仪器的测量口上，调整仪器的零点；换上标准板，调整仪器，使读数符合标准板的数值。

（2）测试实验。

① 将试样的测试面向外，平整地绷在暗筒上，然后将其放在仪器的测量口上。

② 旋转样品台 1 周，读取织物正反射光泽度 Gs（%）最大值及其对应的织物正反射光泽度与漫反射光泽度之差 Gg（%）值。

四、实验结果

织物光泽度 Gc（%）计算公式如下：

$$Gc = \frac{Gs}{\sqrt{Gs-Gg}} \tag{3-7}$$

式中：Gs——织物正反射光泽度,%；

　　　 Gg——织物正反射光泽度与漫反射光泽度之差,%。

三块试样的平均值，按数值修约法保留一位小数。

思考题

影响织物光泽的因素有哪些?

第四节　织物的舒适性能测试

实验 20　织物透气性实验

试验仪器：YG461E-Ⅲ型全自动透气量仪。

试样：化学纤维、棉、毛、麻、丝等各种纯纺、混纺以及树脂整理织物。

一、概述

织物透过空气的能力对服装面料而言有重要意义。冬令外衣织物需要防风保温，应具有较小的透气性。夏令服装面料应有良好的透气性，以获得凉爽感。某些特殊用途的织物，如降落伞、船帆、服用涂层面料及宇航服等，对透气性能有特定的要求。本仪器可用于测量各种织物，包括机织物、针织物、非织造布的透气性；也可用于测量造纸行业的空气滤芯纸、水泥袋纸、涂层织物、工业滤纸等非织造织物的透气性。

二、仪器结构及测试原理

1. YG461E-Ⅲ型全自动透气量仪结构　YG461E-Ⅲ型全自动透气量仪结构示意图如图 3-30 所示。

2. 测试原理　在规定的压差下，测定单位时间内垂直通过试样的空气流量，推算织物的透气性。本实验是通过测定流量孔径两面的压差，查表得到织物的透气性。当流量孔径大小一定时，其压差越大，单位时间流过的空气量也越大；同样的压力差所对应的空气流量不同，流量孔径越大所对应的空气流量越大。为了适应测定不同透气性的织物，备有一套大小不同的流量孔径，供选择使用。

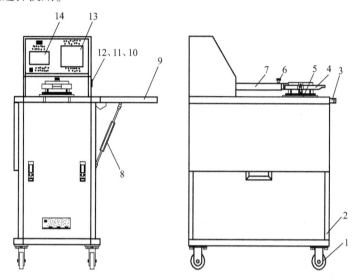

图 3-30　YG461E-Ⅲ型全自动透气量仪结构示意图

1—万向轮　2—机架　3—拉手　4—上测试夹头　5—下测试夹头　6—压紧螺钉　7—压杆

8—气动支撑杆　9—扩展门　10—电源开关　11—电脑接口　12—电源插座　13—触摸屏　14—打印机

三、实验准备与实验步骤

1. 实验准备

（1）试样准备。根据测试标准，在测试前，将样品在标准要求的温度和湿度的环境条件中平衡。

（2）测量次数。根据测试标准及统计分析的需要来定。

（3）测量点位置。将测试点均匀地分布在样品的对角上，这样每个测量点包括不同经纬线。测量点距样品的底边 2~3m，距织边不得小于 10cm。某些特定的材料，对整个宽度的透气均匀性有严格要求（如降落伞），其织物也必须进行测试。

（4）测试样品尺寸。在一般情况下不需要剪下试样，可以直接在样品上直接测试。

（5）开机。打开仪器电源，预热 15min（最好预热 30min），仪器稳定后，才可以进行测试。

（6）测试面积。根据测试标准，测试面积如下。

表 3-4　不同测试标准对应的测试面积

测试标准	测试面积（cm²）
AFNOR G 07-111	20 或 50
ASTM D 737	38
ASTM D 3574	25
BS 5636	5

续表

测试标准	测试面积（cm²）
DIN 53887	20
EDANA1401	20 或 50
ENISO 7231	25
ENISO 9237	20
JIS L 1096-A	38
TAPPI T251	20 或 38

2. 实验操作步骤

（1）设置。打开电源，屏幕显示如图 3-31 所示。

用手指轻触屏幕（任意地方），屏幕显示工作界面（图 3-32）。

图 3-31　仪器界面

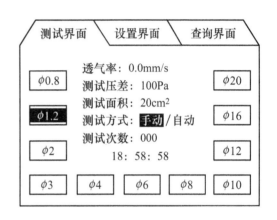

图 3-32　工作测试界面

如图 3-32 所示为工作测试界面，图中 φ0.8、φ1.2、φ2、φ3、φ4、φ6、φ8、φ10、φ12、φ16、φ20 为喷嘴的口径，选中对应的口径，喷嘴自动到位。触摸"手动/自动"则测试方式在手动和自动之间切换（图中选择的是喷嘴 φ1.2，手动测试方式）。触摸"设置界面"和"查询界面"，选择设置界面（图 3-33）和查询界面（图 3-35）。

图 3-33 为设置界面，触摸箭头方框选择各设置项。按设置方框如图 3-33 显示，触摸箭头方框改变设置项的设置内容。按确定方框进行下个数字设置，直到显示如图 3-34 所示，当前的设置项设置完成。

注意：设置基准时，要在开机后 5min、风机停止 1min 以上且测试头无试样，才可以对此项进行设置，否则会影响测试结果的正确性。

图 3-35 为查询界面，触摸箭头方框可查询各测试值。"001/003"表示 001 为当前测试次数，显示的压差、面积、口径、单位及结果为 001 次的测试数据。003 为总的测试次数。按"删除"删除当前的测试值，按"清零"清除所有的测试结果，按"打印"通过微打输出测试结果。

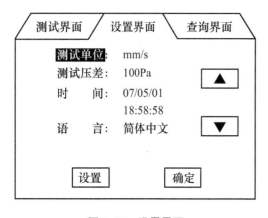

图 3-33　设置界面

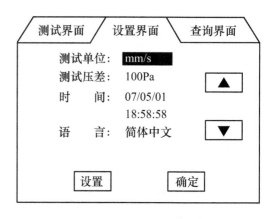

图 3-34　设置项设置完成

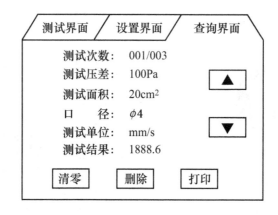

图 3-35　查询界面

（2）测试过程。开机，根据测试要求设置好测试条件，选择好对应的口径。如果选择自动测试，最好选择试样对应大一点的口径，这样可以尽快地测出数据。把试样自然地盖在测试头上，避开折痕和疵点。按下测试头压杆，听到"咔"声，压头自动吸合，真空吸风机自动启动，开始测试。

测试结束，手动状态下，压头自动弹开。能正确测出数据的，显示试样的透气量；不能测出数据的，显示"UP"或"DOWN"，UP 表示要换大一号口径才能测出数据，DOWN 表示要换小一号口径。自动状态下，压头保持，仪器自动换口径，重新进行测试，直到测出数据。

四、实验结果

记录实验结果，整理并分析实验数据。

思考题

打开电源开关，无显示或设备不工作，如何解决？

实验 21　织物透湿性实验

试验仪器：YG601H 型电脑式织物透湿仪。

试样：化学纤维、棉、毛、麻、丝等各种纯纺、混纺以及树脂整理织物。

试验用具：剪刀、钢尺、铅笔、烘箱。

一、概述

YG601H 型电脑式织物透湿仪是采用透湿杯吸湿法测定水蒸汽透过织物的能力。该仪器用于测定各类织物（包括透湿型涂层织物）以及絮棉、太空棉等非织服装的透湿（气）性。透湿性可反映服装排汗、排汽的性能，是鉴定服装的舒适性、卫生性的重要指标之一。

本仪器符合国家标准 GB/T 12704—2009《织物透湿量测定方法 透湿杯法/方法 A 吸湿法》。

二、实验原理

透湿工作室内的空气经过制冷、加热、加湿各部分，以恒定的风速进行封闭循环流动。MCU 通过位于风口的温度、湿度传感器，检测工作室的空气温度、湿度情况，决定对加热、加湿、制冷各部分进行调温调湿控制，以达到设定要求的工作室温度、湿度值。然后把盛有吸湿剂，并封以织物试样的透湿杯放置于规定温度和湿度的透湿工作室内，根据一定实验时间内透湿杯质量的变化计算出透湿量。

三、实验方法与步骤

1. 开机准备

（1）开机前先检查电源座是否是 AC220V，电源接地端接地是否良好，并插上电源。

（2）在开机前请检查是否有水，观察仪器右侧面水面指示器，使用时确保水位高于低水位线 4~5cm，以防止实验过程中缺水后，影响测试（一般一次加水可用时间大于 24h），仪器若缺水将自动停机。

（3）注意：关机切断电源之后请将门打开，否则影响温湿度传感器使用寿命。

2. 按钮名称 操作面板上的 [◄] [►] 为选择按钮；[▲] [▼] 为加减数按钮；另外还有确认按钮、[启动] 按钮、[停止] 按钮、[照明] 开关、[打印] 按钮共有九个按钮。

3. 按钮（开关）功能 其中 [◄] [►] [▲] [▼] 及 [确认] 共五个按钮，用于数据设定或修改；[启动] 按钮、[停止] 按钮用于仪器的开停机操作；[照明] 开关用于照明灯开关操作；[打印] 按钮用于打印输出操作；调速旋钮用于风速调节操作；转盘开关用于试样杯转盘开关操作。

注意：当按下按钮后并有效时，蜂鸣器会发出提示声。

4. 按钮（开关）操作说明

（1）当仪器开启电源后，液晶屏将显示如图 3-36 所示初始画面。

液晶屏显示的最下一栏为按钮提示栏，说明目前只有选择按钮 [◄] [►] 和 [启动] 按钮为有效按钮。

（2）接着按下按钮［◀］或［▶］，蜂鸣器会发出一声提示声，液晶屏将显示图3-37所示设置画面。

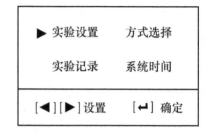

图3-36　初始画面　　　　　　　　　　　　图3-37　设置画面

根据液晶屏显示的提示栏，继续按［◀］［▶］选择按钮，可分别对"实验设置""方式选择""实验记录""系统时间"四个选项作选定，当"▶"提示符位于相应选项前，再按下确认按钮便可进入对应设定窗口。

（3）"实验设置""方式选择""实验记录""系统时间"四个选项作操作说明。当出现"▶实验设置"，再按确定按钮后进入"实验设置"设定窗口如图3-38所示。

如果此时按确定按钮，将保存当前数据并回到初始画面。

［◀］［▶］按钮用于选定要修改的数据位，［▲］［▼］按钮用于在选定的数据位上修改数据。

当出现"▶方式选择"，再按确定后进入"方式选择"设定窗口如图3-39所示。

图3-38　实验参数设置界面　　　　　　　　图3-39　方式选择界面

如果此时按确定按钮，将保存当前数据并回到初始画面。

［◀］［▶］按钮用于选定要修改的数据位，［▲］［▼］按钮用于在选定的数据位上修改数据。

注意：连续方式选"是"，仪器按连续工作方式执行，即由人工停机。

连续方式选"否"，仪器按定时报警方式执行。

当出现"▶实验记录"，再按确定按钮后进入"实验记录"窗口如图3-40所示。

如果此时按确定按钮，将回到初始画面。

当出现"▶系统时间"，再按确定按钮后进入"系统时间"设定窗口如图3-41所示。

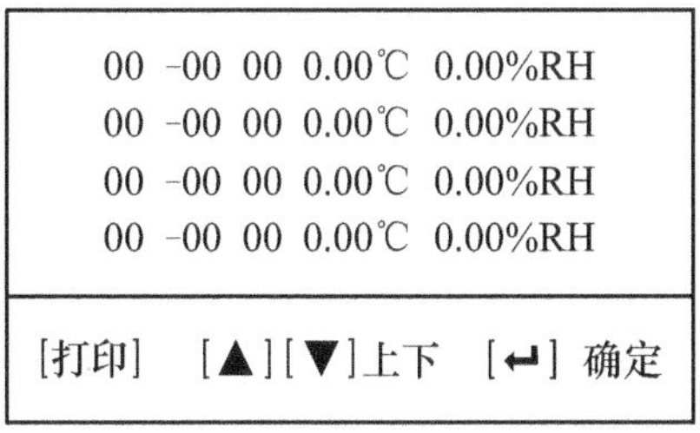

00 -00 00 0.00℃ 0.00%RH		
00 -00 00 0.00℃ 0.00%RH		
00 -00 00 0.00℃ 0.00%RH		
00 -00 00 0.00℃ 0.00%RH		
[打印]　[▲][▼]上下　[↵]确定		

系统时间

时间：00时00分00秒

时期：00年00月00日

[◀][▶]选位　　[▲][▼]加减　　[↵]确定

图 3-40　实验记录界面 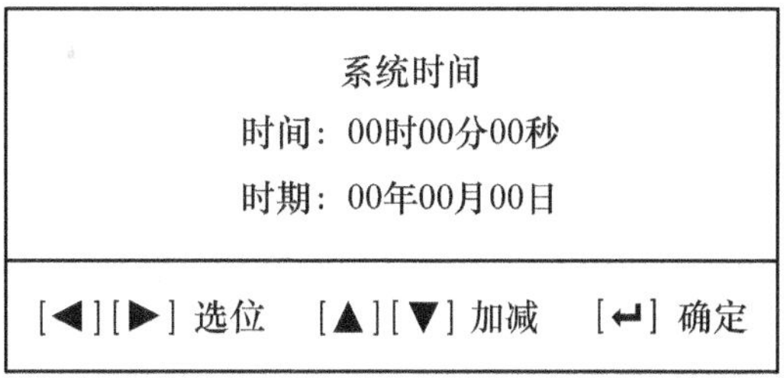　　　　　图 3-41　系统时间界面

如果此时按确定按钮，将保存当前数据并回到初始画面，[◀][▶]按钮用于选定要修改的数据位，[▲][▼]按钮用于在选定的数据位上修改数据。

（4）［启动］按钮、［停止］按钮、［照明］开关相应操作。［启动］按钮、［停止］按钮分别用于仪器的开停机操作；［照明］开关用于照明灯开关，其在数据设定状态下无效外，任何时候都有效。

（5）调速旋钮用于风速调节操作。将仪器门打开，并打开内部小门，将风速仪放于左右居中，前后按风速仪测试头靠近转盘轴，上下按风速仪测试头靠近试样放置盘位置，调节调速旋钮，并观察风速仪显示数值。

（6）转盘开关操作。转盘开关：此开关在仪器测试情况下，一般为常开，当取试样杯或放置试样杯时，为了方便取放试样杯，可对转盘进行关闭操作。

5. 开机操作

（1）插上仪器电源。开启面板，仪器通电后开始自检，当有故障存在时，仪器会显示故障内容并有蜂鸣器发出提示声。

（2）仪器通电自检后，开始下载初始页面，液晶屏将显示如图 3-42 所示初始画面。

此时，温度：显示的数据代表在停机的情况下，仪器箱内的实际温度值；湿度：显示的数据代表在停机的情况下，仪器箱内的实际湿度值；方式：显示的是目前的工作状态为待机状态。

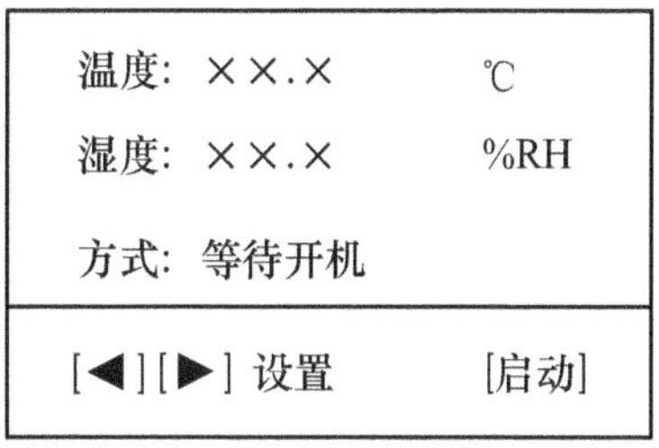

温度：××.×　　　℃

湿度：××.×　　　%RH

方式：等待开机

[◀][▶]设置　　　　[启动]

图 3-42　初始界面

6. 开机运行　按［启动］按钮，即进入开机自控状态。

在定时报警工作方式时，当放置完试样后，按［◀］开始对试样调湿时间计时，当计时时间到，蜂鸣器鸣叫提示，按［▶］停止蜂鸣。

7. 停机　若要停机，按［停止］按钮，仪器停机，按电源开关则切断电源。

8. 放水及换水　本仪器的右侧试样杯放置在最下层左侧，有一放水开关，插上附件的管子，打开阀门即放水。

夏季时请勤换水，以免变质或发臭，冬季换水时间间隔可长一些。

思考题

试分析实验中温度不上升的原因？并且可以采取哪些措施？

实验 22　织物的导水性测试

试验仪器：YG871 型毛细管效应测定仪。

试样：化学纤维、棉、毛、麻、丝等各种纯纺、混纺以及树脂整理织物。

试验用具：剪刀、钢尺、铅笔、烘箱。

一、概述

织物试样由于纤维毛细管效应作用，将恒温槽内测试液吸升到一定高度，以评定织物吸水性及透气率，是印染、棉织、针织、被单、丝绸、手帕、造纸等行业必备测试仪器之一。本仪器配有预设温度，自动控温，准确地控制测试时间的装置，箱体、水槽、横梁采用不锈钢材料。防腐蚀、美观大方、仪器结构合理、性能稳定、操作方便。适用标准：FZ/T 01071《纺织品毛细效应试验方法》。

二、工作原理及仪器结构

1. YG871 型毛细管效应测定仪结构　YG871 型毛细管效应测定仪如图 3-43 所示。

图 3-43　YG871 型毛细管效应测定仪

2. 工作原理　织物在一定张力状态下，浸泡在恒定温度溶液里一定时间，然后进行测量，提供标尺和辅助用的升降装置、装夹装置、协助测量用有机尺、水平调节脚和水平泡以及报警器。采用不锈钢材质制作，以达到长期耐腐蚀效果。

三、实验方法与步骤

（1）调节可调底脚，使水平泡在中心位置。

（2）检查水槽出水开关是否在关闭位置。加入水或特定溶液 2000mL 左右，扭动横梁升降器，将标尺放至最低点，检查三条标尺与液体是否在同一水平零位上。如不在同一零位上，重调可调底脚将测试液和三条标尺零位在同一水平线即表示该仪器水平已调好，而后用横梁升降器将横梁返回最高点原位。

（3）打开电源开关，将温度控制器设置在实验要求温度（温度设置，参看"XMTD-701系列温控仪表操作说明书"），时间控制器通过拨盘键来设置需要的时间。每次打开电源开关后，便开始加温工作，恒定在设定温度。

（4）将已裁好的标准规格试样 10 条，分别夹在试样夹上挂在横梁上，在试样下方 8～10mm 处装上 3g 塑料张力夹，位置要求与标尺零位线对准。

（5）在设定温度状态下，扭转横梁升降器将横梁下降至最低点，按"计时"键，计时器开始工作。达到所需时间时，仪器自动报警，按"计时"键即可关闭，停止报警，并清零。在实验过程中发现失误，需要重新开始计时的，直接按"清零"键，时间回零，重新开始计时。

（6）扭转横梁升降器将横梁上升至最高点，再用横梁上的升降滑杆移动有机尺，分别测量 10 条试样试液渗入上升值，并作记录，一次测试程序完毕。

四、实验结果

求取平均值，按方法标准规定的统计方法，计算出测试平均值。

$$毛细管效应（cm）= \frac{各标尺刻度的总和}{试样条数}$$

思考题

1. 实验中仪器不能加热可以采取哪些紧急措施？

2. 试样架摆动过大，如何给予解决？

实验 23 纺织品保暖性能的测定

试验仪器：YG-606Z 型平板式织物保暖仪。

试样：纺织服装面料，试样为长 580mm、宽 250mm 的各种纺织品若干块。

一、概述

纺织品的隔热保暖是冬季品（如服装、床上用品）及产业重要的性能。通常用平板式织物保暖仪来测试。

二、工作原理

将试样覆盖在平板式织物保暖仪的实验板上，实验板底板以及周围的保护都用电热控制相同的温度，并通过通、断电保持恒温，使试样板的热量只能通过试样的方向散发。实验时，通过测定实验板在一定时间内保持恒温所需的加热时间来计算织物的保暖指标——保温率、传热系数和克罗值。

三、实验方法与步骤

1. 做空板实验（试样板不包覆试样）

（1）按"电源"开关，开机。

（2）设置实验参数。实验板、保护板、底板的温度：上限 36℃，下限 35.9℃。预热时间：一般 30min，也可视织物厚度和回潮率而定。循环次数：5 次。

按"启动"键，各加热板开始预加热，当温度达到设定值，而且温差稳定在 0.5℃ 以内时，时间显示器显示"t，tn"。

按"复位"键，随即按"启动"键。"空板"实验开始，并自动进行，直到时间显示器显示"t，tn"，表示"空板"实验结束（通常每天开机只做一次空板实验）。

2. 做有试样实验 放置试样。将试样平铺在实验板上（正面朝上或服装面料的外侧朝上），将实验板四周全部覆盖。

按"启动"键，开始第一块试样的实验，实验自动进行，直到时间显示器显示"t，tn"，表示该块试样实验结束。

取出试样，换第二块。按"启动"键，重复上述过程，直至测完所有试样。

自动打印实验结果。

按"清除"键 3 次（因为是 3 块试样），清除前面实验数据（不能多按，否则会清除空板实验的数据）。

四、实验结果

1. 该仪器可以自动打印

（1）NAME：实验者姓名。

（2）Teo：空板实验。

（3）$Te1 \sim Te3$：第 1~3 次有试样实验。

（4）$TeEVE$：平均值。

（5）$t2$：无样加热时间，min。

（6）$t1$：有样实验总时间，min。

（7）$t2''$：有样实验总时间，min。

（8）$t1''$：有样加热时间，min。

（9）U：导热系数，W/（m² · ℃）。

（10）CLO：克罗值，$CLO = 1/0.155U$。

（11）Q：保温率,%。

2. 在打印纸上还需说明以下内容

（1）试样详细名称。

（2）试样厚度。

（3）试样的平方米重量。

（4）实验室的温湿度。

3. 各保暖指标的含义

（1）保温率 Q。无试样时的散热量 Q_0 和有试样时的散热量 Q_1 之差与无试样时的散热量 Q_0 之比的百分率。该值越大，试样的保暖性越好。

（2）传热系数 U。纺织品表面温差为 1℃ 时，通过单位面积的热流量。该值越大，保暖性越大。

（3）克罗值 CLO。其物理意义是当室温为 21℃，相对温度不超过 50%，气流为 10cm/s 时，试穿者静坐并保持舒适状态，其服装所需的热阻。

思考题

1. 试述仪器的工作原理。

2. 为什么说此种方法测得的保温率实质上是绝热率？

实验 24 纺织材料静电性能测试

试验仪器：YG321 型纤维比电阻仪，天平（精密度 0.01g）。

试样和材料：纤维材料取样 15g。

试验用具：镊子、黑绒板及粗、精密梳片等用具。

一、概述

测量化学纤维比电阻的意义：天然纤维一般易于吸湿，回潮率较高，比电阻较低。天然纤维在加工过程中因摩擦而产生静电，由于纤维比电阻低，所以静电可以及时消除。合成纤维一般吸湿性能差，回潮率低，比电阻较高。未上油剂的化学纤维在加工过程中容易积聚静电，化学纤维必须给予一定油剂。测量化学纤维的比电阻是预测纤维可纺性能的重要方法。为了使化学纤维顺利纺纱，化学纤维的质量比电阻一般控制在 109Ω·g/cm² 内。

二、仪器结构与工作原理

1. YG321 型纤维比电阻仪 YG321 型纤维比电阻仪如图 3-44 所示。

图 3-44 YG321 型纤维比电阻仪

2. 工作原理 化学纤维比电阻的表示方法：根据电阻定律，导体的电阻 R 与导体的长度 l 成正比，与导体的截面积 S 成反比。导体的电阻和导体本身的物质结构有关，导体的电阻 R 可用下式计算：

$$R = \rho_v \frac{l}{S} \tag{3-8}$$

其中 ρ_v 为电阻率，也称体积比电阻，单位为 $\Omega \cdot cm$。

$$\rho_V = R\frac{S}{l}$$

由于在实际测量体积比电阻过程中，纤维之间存在空气，纤维在测量盒内所以占的实际极板的面积不是 S 而是 Sf。f 为填充系数，可用下式计算：

$$f = \frac{V_f}{V_T} = \frac{\dfrac{m}{d}}{Sl} = \frac{m}{Sld} \tag{3-9}$$

式中：V_f——纤维实际体积，cm^3；

$\quad\quad V_T$——测量盒容器容积，cm^3；

$\quad\quad m$——纤维质量，g；

$\quad\quad d$——纤维密度，g/cm^3。

于是，纤维体积比电阻为：

$$\rho_V = R\frac{Sf}{l} = R\frac{m}{l^2 d} \tag{3-10}$$

体积比电阻是电流通过体积为 $1cm^3$ 材料时的电阻值。质量比电阻是材料长是 $1cm$、质量为 $1g$ 的电阻值。体积比电阻 ρ_V 与质量比电阻 ρ_m 的关系如下：

$$\rho_m = d\rho_V \tag{3-11}$$

纤维质量比电阻的单位为 $\Omega \cdot g/cm^2$，其值为：

$$\rho_m = R\frac{m}{l^2} \tag{3-12}$$

三、实验方法与步骤

（1）各种纺织纤维的质量比电阻见表 3-5。

表 3-5　各种纺织纤维的质量比电阻

纤维种类	质量比电阻（g/cm）
棉	106～107
麻	107～108
羊毛	108～109
蚕丝	109～1010
黏胶纤维	107
锦纶、涤纶（去油）	1013～1014
腈纶（去油）	1012～1013

（2）使用前仪器面板上备开关位置应如下：电源开关 7 在开的位置，倍率开关 2 在"∞"处，"放电—测试"开关 3 在"放电"位置。

① 将仪器接通地端用导线妥善接地，检查电源电压应为 220V。

② 将仪器接通电源，合上电源开关 7，指示灯 6 亮，将 "放电—测试" 开关 3 放在 "测试" 位置，等预热 30min 后慢慢调节电位器旋钮 4，使表头 1 指在 "∞" 处。

③ 将 "倍率" 开关 2 拨至 "满度" 位置，调节 "满度" 电位器旋钮 5，使电表指在满度位置。这样反复将 "倍率" 开关 2 拨至 "∞" 处和 "满度" 位置，检查仪表指针是否在 "∞" 处和 "满度" 位置，调试时，不允许放入测量盒。

（3）试样准备。将 50g 被测纤维试样用手扯松后，置于标准大气（20℃，相对湿度 65%±2%）条件下平衡 24h 以上，用精度为 0.01g 的天平称取每份试样重 15g，共 3 份，以备测试时使用。

（4）实验。

① 测试时，从机箱内取出纤维测量盒，用仪器专用钩子将压块取出，用大镊子将 15g 纤维均匀地填入盒内，推入压块，把纤维测量盒放入仪器内，转动摇手柄 8 直至摇不动不止。

② 将 "放电—测试" 开关 3 放在 "放电" 位置，等极板上因填充纤维产生的静电散逸后，即可拨到 "测试" 位置进行测量。

③ 测试电压选在 100V 档，拨动力 "倍率" 开关 2，使电表 1 稳定在一定读数上，这时表头读数乘以倍率即为被测纤维的电阻值。为了减少误差，表头读数应均取在表盘的右半部分，否则可将测试开关 3 放在 50V 档，注意这时测得的电阻值应缩小一半，即表头读数倍率为 1/2。

四、实验结果

按式（3-13）计算纤维的体积比电阻、质量比电阻：

$$\rho_V = R\frac{m}{l^2 d} \qquad \rho_m = R\frac{m}{l^2} \tag{3-13}$$

式中：R——测得纤维的平均电阻值，Ω；

m——纤维质量，15g；

l——两极板之间距离，2cm；

d——纤维密度，g/cm³。

思考题

影响纤维质量比电阻测试结果的因素有哪些？

实验 25 织物渗水性测试

试验仪器：YG825E 型数字式渗水性测试仪。

试样：纺织服装面料或者产业用纺织品，试样长 200mm、宽 200mm。

试验用具：蒸馏水、尺、划笔、剪刀。

一、概述

产业用纺织品的抗渗水性是防雨布的重要性能之一。利用水压式织物透水仪测定织物抗渗水性能，根据测定结果来评定织物的透水程度。通过实验，掌握仪器基本原理和实验方法。

二、仪器结构及工作原理

1. YG825E 型数字式渗水性测试仪 YG825E 型数字式渗水性测试仪是集单片机技术与数据采集技术于一体的仪器，仪器符合下列标准：GB/T 4744—2013，ISO 811—1981，ASTM D751，FZ/T 01004—2008，JIS L1092—2009 等。适用于测定织物抗渗水性，适用于紧密织物，如帆布、油布、帐篷布、防雨布、服装布等。具体设备如图 3-45 所示。

2. 工作原理 主要原理是利用微机程控，采用水压速率平衡系统，根据渗透水压来测试织物抗渗水性。

(a) 外观

(b) 渗水性测试试样区域

图 3-45　YG825E 型数字式渗水性测试仪

三、实验方法与步骤

1. 测试准备

（1）先确认水箱是否有水（开机有提示），如没有水请加满水（用纯水或蒸馏水、去离子水）。

（2）仔细确认电源插座是否符合：电压：220V（±10%）；频率：50Hz，并有良好接地。

（3）准备好实验样品。

2. 测试

（1）手动打开压布器。打开右边阀门，用接水杯放在右边阀门下方。

（2）打开电源开关，此时仪器开始系统自检，故障自检，活塞自动回位，液晶屏显示上次实验选项。

（3）确认液晶屏显示的是否本次要求做的实验选项，否则，重选实验选项（详见菜单操作）。

（4）按动［测试］键。仪器开始自动给压布器第一次加水，第一次加水结束后增压器自动开始后退。当增压器后退到位后，开始自动给压布器第二次加水。当第二次加水结束后，仪器发出蜂鸣提示 3 下并在液晶屏左上角显示秒数。

提示请在 30s 内将准备好的实验样品放到压布器上并压紧，30s 后仪器开始自动校零并按照预设的上升速度自动加压（上升速度设定：详见菜单操作）。

当实验达到要求后可以手动按［停止］或自动停止。自动停止时蜂鸣提示 10 次，表示本次实验已结束。此时实验的最终测试数据锁定并显示在液晶屏上。

注意：在切断电源以前，第二次再做实验时，仪器直接从增压器自动后退到压布器第二次加水。即：不再进行第一次加水。

放试样时，试样与水面要紧贴，不留气泡。

四、实验结果

（1）该仪器可以自动显示测试结果，主要内容为水压大小，单位为 Pa，渗水时间，单位为 s。

（2）实验结果说明：实验方式指的是：增压、定时计压、定压定时、绕曲松弛、渗水漏水五种方式之一。终止方式指的是：用户终止、极限终止、定时终止、缺水终止、周期终止。终止压力指的是：实验结束前最后一次的读取压力值（用户实验值）。最大压力指的是：在实验过程中读到的最大压力值，一般做试样瞬间破裂实验（用户参考值）。最小回压指的是：在松弛过程中读到的最小压力值（用户参考值）。

注意：如果实验过程中，试样突然爆裂，用户的实验值请采用最大压力值。

思考题

1. 影响织物抗水性的因素有哪些？

2. 哪些织物需要考虑抗渗水性？

实验 26　织物沾水度测定

试验仪器：YG813 型沾水度测试仪。

试样：纺织服装面料，试样为长 180mm、宽 180mm 的各种纺织品 3 块。

一、概述

织物仪器适用于棉、毛、丝、麻、化学纤维各种织物（包括已经或未经抗水或拒水整理的各种织物）的表面抗湿性的沾水实验。根据国家标准 GB/T 4745—2012 规定，本仪器不用于预测织物的防雨渗透性实验，可应用于 AATCC 22 实验。

二、仪器结构

（1）本仪器的淋水装置，由一个直径 ϕ150mm 的玻璃漏斗和一个金属喷嘴组成。漏斗和金属喷嘴用橡皮管连结。

（2）金属喷嘴有一个凸圆面，其上均布着 19 个同心射线小孔，当 250mL 蒸馏水注入漏斗后，其持续喷淋时间应为 25～30s。

（3）试样夹持器由弹簧钢镀铬弯成型制成。

（4）布样板安装在 45°倾角的钢制支架上，其中心与喷嘴表面中心距为 150mm。

三、实验方法与步骤

（1）准备工作。

① 擦拭设备各部位。

② 检查设备用的量杯是否干净。

③ 检查调整卡环支架是否与水平成 45°。

④ 检查喷嘴顶部与试样中心的距离是否为 150mm。

⑤ 检查是否有干净的纯水或者蒸馏水。

（2）操作步骤。

① 取样，从织物的不同部分取三块 180mm×180mm 的试样，试样不要有褶皱和折痕。

② 试样在规定的大气条件下至少调湿处理 24h。

③ 调湿后，用试样夹持器夹紧试样，放在支座上，实验时，试样的正面朝上，试样经向与水流方向平行。

④ 试样夹好后，用直尺量一下距离是否为 150mm。

⑤ 将 250mL 蒸馏水迅速平稳地注入玻璃漏斗中，以便淋水持续进行，持续时间25～30s。

⑥ 淋水一停，迅速将试样连同夹环与支座一起拿开，使织物正面水平朝下，两边各轻敲一下，试样仍在夹持器上，根据标准规定观察试样的湿润程度。

⑦ 重复以上步骤，将测试完成，写出报告。

⑧ 测试结束后将仪器从接水盘中拿出，倒掉接水盘中的废水。

四、实验结果

水流结束后立刻将织物接触水的一面与标准图进行对照，根据标准图将被测样品评出相应的级数。

沾水等级：

1 级——受淋表面全部润湿。

2 级——受淋表面有一半润湿。

3 级——受淋表面仅有不连接的小面积润湿。

4 级——受淋表面没有润湿，但表面沾有水珠。

5 级——受淋表面没有润湿，表面未沾有水珠。

思考题

试述评级的误差原因是什么？

第五节　织物的色牢度测试

实验27　织物耐洗色牢度测试

试验仪器：SW-24D 型耐洗色牢度实验机、灰色样卡。

试样：染色试样（4cm×10cm）、单纤维贴衬织物（4cm×10cm）。

试验药品：肥皂或标准合成洗涤剂。

一、概述

耐洗色牢度指纺织品耐受各种洗涤而保持原有颜色的能力，是衡量纺织品使用价值的重要指标。

SW-24D 型耐洗色牢度实验机适用于棉、毛、丝、麻、化学纤维及混纺、印染纺织品的耐洗色牢度实验，也可用于考核染料耐洗色牢度性能的实验，供印染行业、染料行业、纺织品质检部门及科研单位使用。

本机符合标准 GB/T 3921—2008、GB/T 5711—2015、AATCC 61—2013、AATCC 132—2013 等。

二、实验目的与要求

掌握染色织物皂洗牢度的测定和评级方法，学会使用皂洗色牢度实验机。

三、实验原理

按 GB/T 3921—2008 进行皂洗牢度测定，然后用灰色样卡评定染色试样的褪色和贴衬织物（或漂白平布）的沾色等级（图 3-46）。褪色和沾色牢度等级分五档，5 级最好，1 级最差。

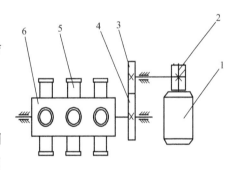

图 3-46　皂洗牢度原理图

1—电动机　2—蜗轮减速机　3—小齿轮
4—大齿轮　5—实验杯　6—旋转架

四、仪器的使用方法

1. 耐洗色牢度实验机　耐洗色牢度实验机面板如图 3-47 所示。

"加热"键：将此开关拨至 OFF 表示不加热；拨至 ON 表示加热。

"运行"键：按下此键，试杯架开始旋转。

"停止"键：按下此键，试杯架停止旋转，再按一次计时器清零。

"点动"键：在旋转架静止状态下，按住"点动"键，旋转架开始运转，松开"点动"键则停止运转，便于取放实验杯。

"排水"键：按下此键即可排水。

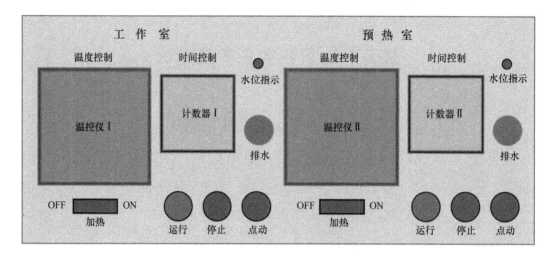

图 3-47　耐洗色牢度实验机面板

2. 操作方法

（1）接通总电源（在箱体右后侧），运转时间均显示"0"。

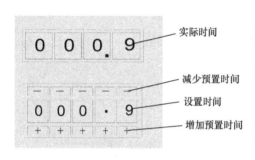

图 3-48　计时器使用界面

（2）参数设置。在工作室温度、预热室温度均显示水温，计时器均显示"0"，参照计时器、温控仪设置设定需要的参数，时间设置完成后必须按"停止"键才可实验。

时间控制器用拨码盘进入设定如图 3-48 所示，显示说明如下：小数点后第一位是 9 就是 0.9min；小数点前第一位是 9 就是 9min；小数点前第二位是 9 就是 90min；小数点前第三位是 9 就是 900min。

接通电源后，必须先按"停止"键，时间设置完成后，必须按"停止"键。

停止键：按两次此键可清除实际显示时间。

温控器的使用如图 3-49 所示。

① 设置使用温度。打开加热开关（其指示灯亮），开始加热，仪表 PV 窗即显示测量值，SV 窗即显示设定值，同时进入自动温度控制状态。按"SET"键 0.5s，进入第一设定区，使 PV 窗显示"S□"，按▲键或▼键，使 SV 显示窗的数值为所需值，如所需控制温度为 100℃，使 SV 显示窗显示为 100 即可。再按"SET"键 0.5s，使 PV 显示窗显示"AL"，按▲键或▼键，使 SV 显示窗显示的数值为所需值，如所需报警温度为 100℃，使 SV 显示窗显示 100 即可，再按"SET"键 0.5s 退出即可，温度设定完毕。

② 传感器修正。当认为包括传感器在内的控制系统出现误差而不能与更高精度等级的测量仪器取得一致时，可使用此功能，以取得一致。方法为：按"SET"键 5s，进入第二设定区，使 PV 显示窗显示"Sc"，按▲键或▼键，在±20 范围内设置一个与误差方向相反的相同数值，再按"SET"键 5s 退出即可。如偏高 3℃即设置-3，如偏低 3℃即设置为 3。设置完毕

后，依次修改所需修改参数。

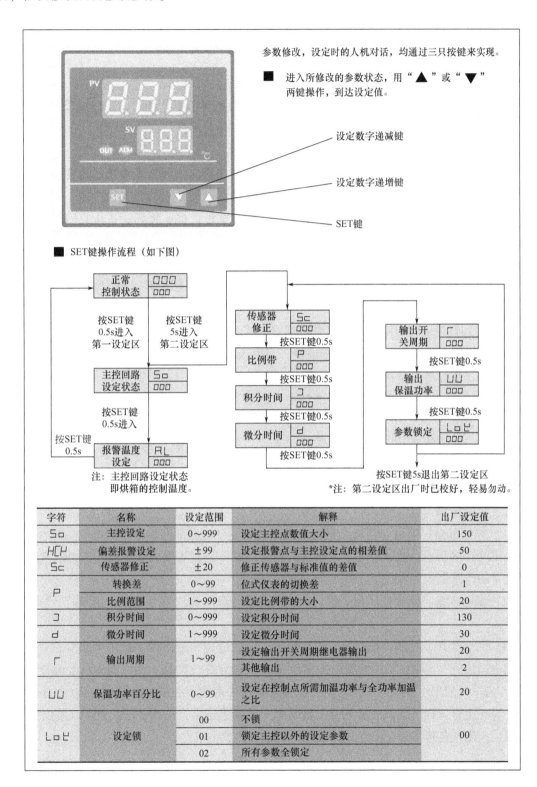

参数修改，设定时的人机对话，均通过三只按键来实现。

■ 进入所修改的参数状态，用"▲"或"▼"两键操作，到达设定值。

设定数字递减键

设定数字递增键

SET键

■ SET键操作流程（如下图）

注：主控回路设定状态即烘箱的控制温度。

按SET键5s退出第二设定区

*注：第二设定区出厂时已校好，轻易勿动。

字符	名称	设定范围	解释	出厂设定值
So	主控设定	0～999	设定主控点数值大小	150
HCH	偏差报警设定	±99	设定报警点与主控设定点的相差值	50
Sc	传感器修正	±20	修正传感器与标准值的差值	0
P	转换差	0～99	位式仪表的切换差	1
	比例范围	1～999	设定比例带的大小	20
コ	积分时间	0～999	设定积分时间	130
d	微分时间	1～999	设定微分时间	30
「	输出周期	1～99	设定输出开关周期继电器输出	20
			其他输出	2
UU	保温功率百分比	0～99	设定在控制点所需加温功率与全功率加温之比	20
LoЬ	设定锁	00	不锁	00
		01	锁定主控以外的设定参数	
		02	所有参数全锁定	

图3-49 温控器使用界面

（3）往工作室、预热室内加蒸馏水，水位高度以水位线为准，示意加热器可以工作。（水位线位于工作室、预热室左侧。）

说明：当试样架未装实验杯时，注水以低水位参考线为准，当全部实验杯装上时，以上面的高水位参考线为准。

注意：加水不得超过上水位线，避免电动机烧坏。

（4）按工作室加热开关至"ON"，再按预热室加热开关至"ON"，工作室及预热室的蒸馏水开始加热升温（需要哪个工作就将其下面的加热开关拨至"ON"即可）。

（5）做好试液、试样的准备工作，并将试液预热。

（6）当工作室达到规定温度时，将试液、试样及钢珠（按照实验方法的需要）放入实验杯中，盖好实验杯盖，这时打开工作室箱盖，逐一将实验杯插入旋转架的孔中，往下按压并顺时针旋转45°，按"点动"键转动旋转架至合适的位置，将实验杯安装在旋转架上（如不需要全部实验杯，对安装在旋转架每一面的实验杯数量须相同，以保证旋转架的平衡），如果需要工作室和预热室的电动机同时运转，应将控制面板上对应的加热开关拨至"ON"。

（7）实验准备工作完成，按"运行"键，开始工作，如想停止工作，按"停止"键即可。

（8）达到规定运转时间，音响报警器响，报警时间可0~30s任意调整（打开仪器后盖，分别调整指针即可），这时旋转架停止运转，实验人员应打开箱盖，取出实验杯，倒出试液、试样及钢珠，按标准要求操作。

（9）排水时，将排水管出口挂在水池上，按下"排水"键即可排水，排完水后再按"排水"键停止排水。

点动键：在旋转架静止状态下，按住"点动"键，旋转架开始运转，松开"点动"键，则停止运转，便于取放实验杯。

五、实验步骤

（1）单纤维贴衬织物（两块）选择。第一块用染色试样的同类纤维制成，第二块则由标准中规定的纤维制成。如试样为混纺或交织品，则第一块用主要含量的纤维制成，第二块用次要含量的纤维制成。

（2）试样准备。取染色试样一块，夹于两块单纤维贴衬织物之间，沿边缝合，形成一个组合试样。

（3）测定操作。将组合试样放在皂洗罐内，拧紧罐盖，放入耐洗色牢度实验机中，先在预热槽中预热到（40±2）℃，然后放入实验槽中，开启旋转按钮，在（40±2）℃温度下处理30min。完毕后取出组合试样，用冷的二次蒸馏水清洗两次，在流动冷水中冲洗10min，挤去水分。展开组合试样，使试样和贴衬织物仅由一条缝线连接，悬挂在不超过60℃的空气中干燥。最后，用灰色样卡评定染色试样的褪色和贴衬织物的沾色。

六、注意事项

（1）经向和纬向测试方法相同。

（2）要了解产品的色牢度，应至少选三个不同部位的染色试样分别进行测试，然后测定结果的平均值。

思考题

1. 试分析影响皂洗牢度的主要因素有哪些？
2. 如何提高纺织品的耐皂洗牢度？

实验28　织物耐汗渍色牢度测试

试验仪器：Y902型汗渍色牢度烘箱、灰色样卡。

试样：染色试样（4cm×10cm）、单纤维贴衬织物（4cm×10cm）。

试验药品：蒸馏水、碱、酸液。

一、概述

一般浅色夏季服装因织物经常接触人汗，所以化学成分虽然很弱，但作用时间较长，往往会引起染色变色。本试验采用国家标准GB/T 3922—2013，适用于棉、棉型化学纤维纯纺或混纺印染布的汗渍牢度实验。

二、实验目的与要求

掌握织物耐汗渍色牢度的测定和评级方法。

三、实验原理

将织物试样与规定的贴衬织物合在一起，放在含有组氨酸的两种不同试液中分别处理后去除试液，再将其放在试验装置的2块平板之间，施加规定压力除去余液后，再将该组合试样放在一定温度的恒温箱内放置规定的时间，然后将组合试样分别干燥。用灰色样卡评定试样的变色和贴衬织物的沾色级别。

四、实验步骤

（1）试样准备。

① 织物试样。取10cm×4cm试样1块，将其夹在2块贴衬织物之间，或与1块多纤维贴衬织物贴合，沿短边缝合后形成组合试样。整个试验需2个组合试样。

如果是印花织物，正面与两贴衬织物的各一半接触，剪下另一半，交叉覆于反面，缝合两短边。或与1块多纤维贴衬织物贴合，缝一短边。如不能包括全部颜色，则需多个组合试样。

② 纱线或散纤维试样。取质量约为贴衬织物总量的一半夹于2块单一纤维贴衬织物之间，或夹于1块10cm×4cm多纤维贴衬织物与1块同尺寸染不上色的织物之间，并缝其四边。共制备2个组合试样。

③ 贴衬织物。每个组合试样需2块，每块尺寸为10cm×4cm，第一块用试样的同类纤维

制成,第二块则由表3-6列出的纤维制成。如试样为湿纺或交织物,则每一块用主要含量的纤维制成,第二块用次要含量的纤维制成,或用1块多纤维贴衬织物。

表3-6 单一纤维贴衬织物

第一块贴衬织物	第二块贴衬织物	第一块贴衬织物	第二块贴衬织物
棉	羊毛	醋酯纤维	黏胶纤维
羊毛	棉	聚酰胺纤维(锦纶)	羊毛或黏胶
丝	棉	聚酯纤维(涤纶)	羊毛或棉
亚麻	棉	聚丙烯腈纤维(腈纶)	羊毛或棉
黏胶纤维	羊毛		

(2)试液配制。试液有2种(碱液和酸液),都用蒸馏水配制,现配现用。

① 碱液每升含内容物如下。

l-组氨酸盐酸盐—水合物($C_6H_9O_2N_3 \cdot HCl \cdot H_2O$):0.5g;

氯化钠(NaCl):5g;

磷酸氢二钠十二水合物($Na_2HPO_4 \cdot 12H_2O$):5g;

磷酸氢二钠二水合物($Na_2HPO_4 \cdot 2H_2O$):2.5g;

用0.1mol/L氢氧化钠溶液调整试液pH至8。

②酸液每升含内容物如下。

l-组氨酸盐酸盐—水合物($C_6H_9O_2N_3 \cdot HCl \cdot H_2O$):0.5g;

氯化钠(NaCl):5g;

磷酸氢二钠二水化合物($Na_2HPO_4 \cdot 2H_2O$):2.2g;

用0.1mol/L氢氧化钠溶液调整试液pH至5.5。

(3)在浴比为50:1的酸碱试液里分别放入1块组合试样,使其完全润湿,在室温下放置30min,使试液均匀充分渗透。然后取出组合试样,用2根玻璃棒夹去试样的余液,或把组合试样放在试样板上,用另一块试样刮去过多的试液,再将试样夹在2块试样板中间。采用上述同样步骤放好其他组合试样,然后使试样受压12.5kPa。

注意:碱和酸试验使用的仪器应分开。

(4)把装有组合试样的酸、碱2组试验装置放在温度为(37±2)℃的恒温箱里,放置4h。

(5)拆去组合试样上除一条短边外的所有缝线,展开组合试样,悬挂在温度不超过60℃的空气中干燥。

(6)用灰色样卡评定每一块试样的变色和贴衬织物与试样接触一面的沾色级别。

五、实验结果

耐汗渍色牢度分别用经酸碱液处理后试样的变色和每一种贴衬织物的沾色数来表示,精确至0.5级。

思考题

织物耐汗渍色牢度的测试原理是什么?

实验 29 织物摩擦色牢度测试

试验仪器:耐摩擦色牢度实验机(Y571B 型)、灰色分级卡。

试样:织物(5cm×20cm)。

试验药品:肥皂或标准合成洗涤剂。

一、概述

摩擦牢度是指染色织物经过摩擦后的掉色程度,可全为干态摩擦和湿态摩擦。

适用于各类有色纺织品耐干、湿摩擦色牢度实验以及各类棉型化学纤维、纯纺或混纺印染布刷洗色牢度实验,以评定织物耐摩擦色牢度及评定印染织物耐刷洗色牢度。也即适用于 GB/T 3920—2008《纺织品 色牢度试验 耐摩擦色牢度》,GB/T 5712—1997《纺织品 色牢度试验 耐有机溶剂摩擦色牢度》,GB/T 420—2009《纺织品 色牢度试验 颜料印染纺织品耐刷洗色牢度》

二、实验目的与要求

研究织物在一定条件下经过摩擦后的掉色程度,掌握染色织物皂洗牢度的测定和评级方法,学会使用摩擦色牢度实验机。

三、实验原理

按国标及有关实验方法进行摩擦色牢度测定,试样分别与一块干摩擦布和湿摩擦布摩擦。绒类织物和其他纺织品分别采用两种不同尺寸的摩擦头。摩擦牢度以白布沾色程度作为评介原则,共分 5 级,数值越大,表示摩擦牢度越好。

四、实验步骤

(1)试样准备。织物或地毯试样制备 2 组尺寸不小于 50mm×200mm 的样品,每组 2 块试样。一组其长度方向平行于经纱,用于经向的干摩擦和湿摩擦;另一组长度方向平行于纬纱,用于纬向的干摩擦和湿摩擦。当测试有多种颜色的试样时,应注意选择试样的位置,使所有的试样都被摩擦到。若各种颜色面积较大,则必须全部取样。

纱线试样应将纱线编结成织物,保证试样的尺寸不小于 50mm×200mm,或将纱线平行缠绕于与试样尺寸相同的纸板上。

(2)将待测布样夹至实验平台上,白布固定好,调整选择压布重量。

(3)开机,调整仪器的实验参数。使摩擦头接触工作台上试布,再按下电源按钮,指示灯亮后,再根据实验需要,设定所需的次数,然后按下启动按钮,摩擦头开始往复运动至设置的往复次数自动停止运动。若需要点动控制摩擦头的运动时,须先将计数表的设定数设为零，然后按动"启动"按钮即可。

进行耐摩擦色牢度实验时，装上摩擦头，将计数表设定数置于 10，将试样置于标准衬垫上并铺平整，按手轮上标记指示方向转动手柄夹紧试样。然后将处理好的试布包裹于摩擦头上并用夹布圈夹紧，放下支撑，按启动按钮，摩擦头即开始动作，摩擦结束后松开试样再按方法标准 GB/T 3920—2008 及 GB/T 5712—1997 进行对比评定。

注意：处理试布要根据实验需要按方法标准要求进行，进行湿摩擦及耐有机溶剂摩擦时，浸过的湿布应放于轧水架上轧过，并通过调节螺钉使试布含水率达到标准的要求。处理湿布时严防电器受潮。

进行耐刷洗色牢度实验时，装上刷洗头，将计数表设定数设为 25，按方法标准 GB/T 420—2009 要求处理试样，将处理后的试样装夹于工作台上，放下支撑，按启动按钮，往复刷洗 25 次后刷洗自停，然后松开试样，按方法标准 GB/T 420—2009 进行对比评定。

（4）将白布撤下，记录为干态时摩擦色牢度；换上湿态白布，按上述办法做实验。

（5）将干态、湿态试样与标准灰色分级卡进行比较分级，记录结果。

思考题

1. 试分析影响摩擦色牢度的主要因素有哪些？
2. 分析干态、湿态摩擦色牢度的差异。

实验30　织物熨烫升华色牢度测试

试验仪器：YG605 型熨烫升华色牢度仪。

试样：染色试样（4cm×10cm）、棉贴衬织物（4cm×10cm）。

一、仪器结构

仪器由控制箱、压板和底板三部分组成，由微处理器监控所有功能，软件易于设置参数和操作，采用按键操作和液晶显示，当实际温度低于设定温度时，由微处理器通过 PID 算法，控制加温装置精确加热到设定温度。

仪器具有以下特点。

（1）体积小，重量轻。

（2）液晶显示，菜单操作，使用方便。

（3）PID 算法控温，温度控制精度较高。

（4）温度为六路分别加热，能充分满足用户个性化的使用需求。

（5）保温措施和散热措施得当，即使在 220℃ 的工作高温也不致使仪器外表过热过烫；同时由于保温好，当仪器处在目标温度时，仅需较少的温度补偿，所以该仪器具有较好的节能效果。

二、实验目的与要求

掌握 YG605 型熨烫升华色牢度仪的测试原理和结构。

三、实验原理

将织物试样在设定温度和压力的加热装置中进行干热或湿热处理，此时试样上的染料发生迁移和热变色。然后用灰色样卡评定试样的变色和贴衬织物的沾色级别。

四、使用说明

1. 按键名称　操作键盘上的 ［→］［←］为选择键；［↑］［↓］为增减键；还有 ［确定］键、［启动］键、［停止］键及两个备用键。

2. 按键功能　其中 ［→］［←］［↑］［↓］及 ［确定］键共五键，用于数据设定或修改。

［启动］键、［停止］键用于仪器的开始加热和停止加热操作。

注意：当按下键并有效时，蜂鸣器会发出提示声。

3. 按键操作说明

（1）当仪器开启电源后，经过宁波纺织仪器厂厂标初始化界面后，液晶屏将显示如图 3-50 所示画面。

液晶屏显示的最下一栏为按键提示栏，说明目前只有选择键 ［→］、［←］、［确定］和 ［启动］键为有效键。

（2）接着按下 ［←］或 ［→］键，蜂鸣器会发出一声提示音，液晶屏将显示如图 3-51 所示设置画面。

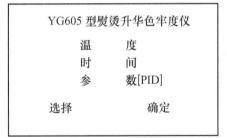

图 3-50　YG605 型熨烫升华色牢度仪初始界面　　**图 3-51　YG605 型熨烫升华色牢度仪设置界面**

（3）根据液晶屏显示的提示栏，继续按 ［→］［←］选择键，可分别对"温度""时间""参数"三个选项做出选定，当"▶"提示符位于相应选项前，再按下 ［确定］键便可进入对应设定窗口。

① 当出现"▶温度"，再按 ［确定］键进入"温度设定 1"设定窗口，如果此时按 ［确定］键，将进入"温度设定 2"设定窗口，其后在此界面下如按 ［确定］键，将保存当前数据并返回到初始画面；在温度设定 1、温度设定 2 窗口中：［→］［←］键用于选定要修改的数据位；［↑］［↓］键用于在选定的数据位上增加或减小数值；"on"或"off"分别表示打开该路加热或关闭该路加热。

② 当出现"▶时间"，再按 ［确定］键进入"倒计时时间"设定窗口，在此界面下如

果按［确定］键，将保存当前数据并返回到初始画面；在"倒计时时间"设定窗口中：［→］［←］键用于选定要修改的数据位；［↑］［↓］键用于在选定的数据位上增加或减小数值。

③ 当出现"▶参数"，再按［确定］键进入 PID 参数窗口，一般情况下请不要修改此界面下的数据；然后在此界面下按下［确定］键，将进入温度修正界面，温度修正功能用于在温度达到稳定状态时，如果实际温度与显示温度有差别时修正温度。

如在温度稳定时，用更高精度传感器测得压板 1 的温度为 102℃，而实际液晶屏上却显示 100℃，此时在温度修正界面下选择 d1：102，意思是在实际温度基础上增加 2℃；相反，如果用高精度传感器测得压板 1 的温度为 98℃，而实际液晶屏上却显示 100℃，此时在温度修正界面下选择 d1：002，意思是在实际温度基础上减去 2℃。

在温度修正界面下，如果按［确定］键，将进入温度修正画面，此时按［确定］键，将回到初始画面。

（4）按［启动］键，仪器开始加热，按［停止］键仪器的加热功能关闭。

4. 开机操作顺序

（1）开机前请细读说明书"重要提示"注意事项。

（2）开启仪器电源。

（3）开始实验。

在设定完相关参数后，按下［启动］键，仪器开始自行按照预设的温度参数进行调温。

温度：显示的数据代表实际温度值。

倒计时：××s，显示的是倒计时时间设定值。

达到温度后，再稳定一段时间，仪器会给出温度"OK"提示，同时蜂鸣器发提示音；此后可以做实验，在所有被选中进行加热的压板均被按下后，仪器开始倒计时。当倒计时完毕，蜂鸣器发长提示音，此时应当拉起压板。

如果不想继续做实验，或者想修改相关参数设置，请按下停止键，返回初始画面。

五、实验步骤

（1）开启电源开关并预热 3min。

（2）进行实验。

① 做熨烫实验操作方法（上块加热体加热，故称熨烫）。设定熨烫温度，然后按升温键加热，温度升到设定值时，系统会发出 2s 长的提示音，红色指示灯点亮。等 10~20min 使系统保持恒温后做熨烫实验。

② 做升华实验操作方法（上块加热体与下块加热体同时加温）。下块温度操作方法与熨烫实验温度的操作方法相同。在升华实验时，下块温度与上块温度都达到设定值时，系统发出 2s 长提示音，同样等 10~20min 使系统保持恒温后再做升华实验。

③ 将主机"上块加热体"抬起（置不工作状态），先按测试时间显示器下的设定键，后

按"+"键或"−"键,选择所需要的测试时间,然后再按"设定"键保存。

④ 抬起上加热体,放入试样,在放下"上加热体"的同时,仪器开始自动计时,实验时间到时发提示音,抬起上加热体(提示音停止),取出试样。

⑤ 对照评级灰色样卡对试样进行评级。

思考题

1. 什么是熨烫升华色牢度?

2. 熨烫升华色牢度测试原理与方法是怎样的?

第四章　纺织材料的综合性实训项目

实验 1　棉本色纱线品质评定

试验仪器：CRE 型单纱强力仪、缕纱测长器、烘箱、纱线条干均匀度仪。

试样：棉纱。

试验用具：天平。

一、概述

利用棉本色纱的国家标准和有关的实验方法对棉纱线进行品质评定。对于生产厂家来说，对生产出来的棉纱进行品质评定能够起到控制纱线质量的作用，一旦纱线质量偏差较大则能够通过调节生产工艺参数控制纱线质量稳定。对于价格的指导作用：棉纱作为一种商品，其质量是由市场来决定的，但同是棉纱其价格的差异是由于质量的差异造成的。对于购买者来说，纱线的质量等级标定能够指导其购买合适的纱线产品。

二、实验目的与要求

通过实验掌握棉本色纱线评等的试验方法、指标计算及等别的评定方法。

三、单纱断裂强度与强力变异系数的测定

（1）取样。按规定单纱每份样 30 个管纱，每管测试 2 次，总数为 60 次；股线每份样 15 个管纱，每管测试 2 次，总数为 30 次。

（2）试样准备。试样应在标准大气中调湿使其吸湿达到平衡，绞纱调湿时间不少于 8h，卷绕紧密的卷装至少 48h。也可以把实验室样品卷装暴露 48h，使试样达到试验用含湿平衡，若试样含湿量过高，则应先进行预调湿，时间至少 4h，然后再进行调湿处理。由于生产需要，需进行快速实验时，则将测得的平均强力按修正系数进行修正。

（3）测试。

① 仪器参数调整。隔距长度通常采用 500mm；仪器拉伸动程不适于 500mm 的试样，或者按照协议采用 250mm 长度。拉伸速度根据隔距长度设定，隔距长度采用 500mm，则拉伸速度为 500mm/min；隔距长度采用 250mm，则拉伸速度为 250mm/min。预加张力为（0.5±0.10）cN/tex。

② 将试样夹入上下夹头进行测试，记录实验结果（或仪器自动记录并计算和统计）。

四、线密度、重量偏差和百米重量不匀的测试

（1）取样。采用单纱断裂强度与强力变异系数测定同一份试样。

（2）测试。

① 仪器参数调整。绞纱长度根据纱线粗细设置，见表 4-1。摇纱张力设为（0.5±0.1）cN/tex。

表 4-1　根据纱线粗细设置绞纱长度

绞纱长度（m）	纱线线密度（tex）
200	低于 12.5
100	12.5~100
50	大于 100

② 从卷装中退绕出纱线，剪除开端几米，在缕纱测长器上摇出试验绞纱，逐绞在电子天平上称重，记录每绞纱线的重量 X_i。然后称总重 G，再将纱线放到温度为（105±3）℃的烘箱中烘至恒重（前后两次重量差与后一次重量之比小于 0.05%，则后一次重量为干燥重量）称得干燥重量 G_0。

五、条干均匀度仪法测试纱条不匀率

（1）取样。推荐试样数量至少 10 个纱管。可根据需要规定取样数量和测试次数。

（2）试样准备。试样应在标准大气中调湿 24h，对卷绕紧密的样品卷装或对一个卷装需进行一次以上测试时应平衡 48h。在调湿和实验过程中应保持标准大气恒定，直到试验结束。若不具备条件，可以在以下稳定的温湿度条件下，使试样达到平衡后再进行试验。平衡及试验期间的平均温度为 18~28℃，平均相对湿度为 50%~70%。试验前仪器应在上述稳定环境中放置 5h。

（3）测试。

① 试验参数设定。取样长度 L_w 为 250m 时，测定的条干不匀实际上接近条干总不匀。取样长度大于 250m 时，条干不匀趋于一定数值。当需要对纱疵、波谱图或其他条干不匀指标进行分析时，L_w 应增加。纱条退绕速度常为 200m/min 或 400m/min。当实际纱条长度 L_w 选定以后，可以根据试样测定速度和时间两者的乘积即为实际纱条长度而在仪器上进行设定。一般 L_w、纱条退绕速度、时间的选择见表 4-2。

表 4-2　参数选择

取样长度（m）				速度（m/min）	时间（min）
常规	产品验收仲裁试验	波谱分析	千米纱疵数		
400	1000	2000	400~2000	200 400	1，2.5，5 1，2.5，5

② 测试。对仪器进行无试样零点调节，即在每次测试之前，将纱条从测量槽取出。同时

应注意测试前不要预先从卷装上取出试样。测试时按仪器使用说明书操作。

六、1g 棉纱线内棉结、杂质检验

（1）检验条件。棉结、杂质的检验地点，要求尽量采用北照自然光源，正常检验时，必须有较大的窗户，窗户不能有障碍物，保证室内光线充足。光线强度一般应不低于 400lx（最高不超过 800lx），如低于 400lx 时，应加用灯光检验（用青色或白色的日光灯管）。光线应从左后方射入。检验面的安放角度应与水平成 45°±5° 的角度。检验者的影子应避免投射到黑板上。

（2）检验。将试样按规定均匀地绕在黑板上，把浅蓝色底板插入试样与黑板之间，然后用黑色压片压在试样上，进行正反面的棉结杂质检验。统计出 10 块黑板的棉结数与杂质数，再将其折算成 1g 棉纱内棉结数和 1g 棉纱线内棉结数和杂质数。

（3）棉结、杂质的确定。棉结是由棉纤维、未成熟棉或僵棉因轧花或纺纱过程中纠缠而成的结点。棉结不论黄色、白色、圆形、扁形，或大、或小，以检验者的目力能辨认为准。纤维聚集成团，不论松散与紧密，均以棉结计。未成熟棉、僵棉形成棉结（成块、成片、成条），以棉结计。黄白纤维未成棉结，但形成棉索且有一部分缠于纱线上的以棉结计。附着棉结以棉结计。棉结上附有杂质，以棉结计，不计杂质。凡棉纱条干粗节，按条干检验，不算棉结。杂质是附有或不附有纤维（或绒毛）的籽屑、碎叶、碎枝干、棉籽软皮、毛发及麻草等杂物。杂质不论大小，以检验者的目力所能辨认为准。凡杂质附有纤维，一部分纠缠于纱线上的，以杂质计。凡一粒杂质破裂为数粒，而聚集在一团，以一粒计。附着杂质以杂质计。油污、色污、虫屎及油线、色线纺入，均不计作杂质。

七、实验结果

（1）原始数据。可记录如下测试指标原始数据：绞纱线每绞湿重、60 绞总湿重 G、60 绞总干重 G_0；纱线断裂强力变异系数、纱线断裂强度；纱线条干均匀度变异系数 CV 值；10 块黑板棉结数、10 块黑板棉结数及杂质数。

（2）结果计算。

① 线密度。

$$线密度 = \frac{60 绞总干重\ G_0\ (1+W_K)}{60 绞总纱长} \times 1000$$

② 纱线断裂强力变异系数。

$$CV\ (\%) = \frac{100}{\bar{x}} \sqrt{\frac{\sum\limits_{i=1}^{n}\ (x_i - \bar{x})^2}{n-1}}$$

式中：n——试验次数；

x_i——各次实测值；

$\bar{x}$——实测值的平均值。

③ 百米重量偏差。

$$百米重量偏差 = \frac{试样实际干燥重量 - 试样设计干燥重量}{试样设计干燥重量} \times 100\%$$

④ 1g棉纱线内棉结杂质总粒数。

（3）根据实验结果对比技术条件及评等规定评定纱线的等别。

思考题

为什么要评定纱线品质以及如何评定纱线品质？

实验2　精梳毛织品品质检验

精梳毛织品的技术要求包括安全性要求、实物质量、内在质量和外观质量。精梳毛织品安全性应符合 GB 18401—2010《国家纺织产品基本安全技术规范》的规定；实物质量包括呢面、手感和光泽三项；内在质量包括物理指标和染色牢度两项；外观质量包括局部性疵点和散布性疵点两项。

一、精梳毛织品分等规定

精梳毛织品的质量等级分为优等品、一等品和二等品，低于二等品者降为等外品。

精梳毛织品的品等以匹为单位，按实物质量、内在质量和外观质量三项检验结果评定，并以其中最低一项定等。三项中最低品等有两项及以上同时降为二等品者，直接降为等外品。

注意：精梳毛织品净长每匹不短于 12m，净长 17m 及以上的可由两段组成，但最短的一段不短于 6m。拼匹时，两段织物应品等相同，色泽一致。

二、精梳毛织品实物质量评等

精梳毛织品实物质量指织品的呢面、手感和光泽，凡正式投产的不同规格产品，应分别以优等品和一等品封样。对于来样加工，生产方应根据来样方要求，建立封样，并经双方确认，检验时逐匹比照封样评等，符合优等品封样者为优等品，符合或基本符合一等品封样者为一等品，明显差于一等品封样者为二等品，严重差于一等品封样者为三等品。

三、精梳毛织品内在质量的评等

精梳毛织品内在质量的评等由物理指标和染色牢度综合评定，并以其中最低一项定等。物理指标按表4-3规定评等，染色牢度按表4-4规定评等，"可机洗"类产品水洗尺寸变化率考核指标按表4-5规定评等。

表 4-3　精梳毛织品物理指标要求

项目	优等品	一等品	二等品
幅宽偏差（cm）　≤	2	2	5
平方米重量允差（%）	-4.0~+7.0	-5.0~+7.0	-14.0~+10.0

项目		优等品	一等品	二等品
静态尺寸变化率（%）　≥		-2.5	-3.0	-4.0
纤维含量（%）	毛混纺产品中羊毛纤维含量的允差	-3.0~+3.0	-3.0~+3.0	-3.0~+3.0
起球（级）≥	绒面	3~4	3	3
	光面	4	3~4	3
断裂强力（N）≥	(7.3tex×2)×(7.3tex×2)(80英支/2×80英支/2)及单纬纱线密度在14.5tex以上（40英支以下）	147	147	147
	其他	196	196	196
撕破强力（N）≥	一般精梳毛织品	15.0	10.0	10.0
	(8.3tex×2)×(8.3tex×2)(70英支/2×70英支/2)及单纬纱的线密度在16.7tex以上（35英支以下）	12.0	10.0	10.0
汽蒸尺寸变化率（%）		-1.0~+0.5	-1.0~+0.5	—
落水变形（级）　　≥		4	3	3
脱缝程度（mm）　　≤		6.0	6.0	8.0

注　1. 纯毛产品中，为改善纺纱性能，提高耐用程度，成品允许加入5%合成纤维；含有装饰纤维（装饰纤维必须是可见的、有装饰作用的）的成品中，非毛纤维含量不超过7%；但改善性能纤维和装饰纤维两者含量之和不得超过7%。

　　2. 成品中功能性纤维和羊绒等的含量低于10%时，其含量的减少应不高于标注含量的30%。

　　3. 双层织物连接线的纤维含量不考核。

　　4. 嵌条线含量低于5%及以下时不考核。

　　5. 休闲类服装面料的脱缝程度为10mm。

表4-4　精梳毛织品染色牢度指标要求　　　　　单位：级

项目		优等品	一等品	二等品
耐光色牢度　　≥	≤1/12标准深度（浅色）	4	3	2
	>1/12标准深度（深色）	4	4	3
耐水色牢度　　≥	色泽变化	4	3-4	3
	毛布沾色	3-4	3	3
	其他贴衬沾色	3-4	3	3
耐汗渍色牢度　≥	色泽变化（酸性）	4	3-4	3
	毛布沾色（酸性）	4	4	3
	其他贴衬沾色（酸性）	4	3-4	3
	色泽变化（碱性）	4	3-4	3
	毛布沾色	4	4	3
	其他贴衬沾色	4	3-4	3
耐熨烫色牢度　≥	色泽变化	4	4	3-4
	棉布沾色	4	3-4	3

续表

项目		优等品	一等品	二等品
耐摩擦色牢度　≥	干摩擦	4	3-4	3
	湿摩擦	3-4	3	2-3
耐洗色牢度　≥	色泽变化	4	3-4	3-4
	毛布沾色	4	4	3
	其他贴衬沾色	4	3-4	3
耐干洗色牢度　≥	色泽变化	4	4	3-4
	溶剂变化	4	4	3-4

注　1. "只可干洗"类产品不考核耐洗色牢度和湿摩擦色牢度。
　　2. "小心手洗"和"可机洗"类产品可不考核耐干洗色牢度。

表4-5　精梳毛织品"可机洗"类产品水洗尺寸变化率要求

项目		优等品、一等品、二等品	
		西服、裤子、服装外套、大衣、连衣裙、上衣、裙子	衬衣、晚装
松弛尺寸变化率（%）	宽度	-3	-3
	长度	-3	-3
	洗涤程序	1×7A	1×7A
总尺寸变化率（%）	宽度	-3	-3
	长度	-3	-3
	边沿	-1	-1
	洗涤程序	3×5A	3×5A

四、精梳毛织品外观质量的评等

精梳毛织品外观疵点按其对服用的影响程度与出现状态的不同，可分为局部性外观疵点与散布性外观疵点两种，分别予以结辫和评等。

精梳毛织品局部性外观疵点，按其规定范围结辫，每辫放尺10cm，在经向10cm范围内不论疵点多少仅结辫一只。

精梳毛织品散布性外观疵点包括刺毛痕、边撑痕、剪毛痕、折痕、磨白纱、经档、纬档、厚段、薄段、斑疵、缺纱、稀缝、小跳花、严重小弓纱和边深浅，其中有两项及以上为最低品等且同时为二等品时，则降为等外品。

精梳毛织品降等品结辫规定：二等品除薄段、纬档、轧梭痕、边撑痕、刺毛痕、剪毛痕、蛛网、斑疵、破洞、吊经条、补洞痕、缺纱、死折痕、严重的厚段、严重稀缝、严重织稀、严重纬停弓纱和磨损按规定范围结辫外，其余疵点不结辫；等外品中除破洞、严重的薄段、蛛网、补洞痕和轧梭痕按规定范围结辫外，其余疵点不结辫。

精梳毛织品局部性外观疵点基本上不开剪，但大于2cm的破洞、严重的磨损和破损性轧梭痕、严重影响服用的纬档、大于10cm的严重斑疵、净长5m的连续性疵点和1m内结辫5

只者，应在工厂内剪除。平均净长 2m 结辫 1 只时，按散布性外观疵点规定降等。

五、精梳毛织品检验方法

（1）取样和检验结果的数值修约。精梳毛织品物理检验采样按 GB/T 26382—2011《精梳毛织品》规定执行，检验结果按 GB/T 8170—2008《数值修约规则与极限数值的表示和判定》进行修约。

（2）纤维含量检验。纤维含量检验需根据产品的纤维组成类别，按 GB/T 2910—2009《纺织品 定量化学分析》、GB/T 16988—2013《特种动物纤维与绵羊毛混合物含量的测定》、FZ/T 01026—2009《纺织品 定量化学分析四组分纤维混合物》执行，纤维含量折合公定回潮率计算，公定回潮率检验按 GB 9994—2008《纺织材料公定回潮率》执行。

（3）幅宽和平方米重量允差检验。幅宽检验按 GB/T 4666—2009《纺织品 织物长度和幅宽的测定》方法 1 执行，平方米重量允差检验按 FZ/T 20008—2015《毛织物单位面积质量的测定》执行。

（4）尺寸变化率检验。静态尺寸变化检验按 FZ/T 20009—2015《毛织物尺寸变化的测定 静态浸水法》执行，水洗尺寸变化检验按 GB/T 8628—2013《纺织品 测定尺寸变化的试验中织物试样和服装的准备、标记及测量》、GB/T 8629—2001《纺织品 试验用家庭洗涤和干燥程序》和 GB/T 8630—2013《纺织品 洗涤和干燥后尺寸变化的测定》执行，汽蒸尺寸变化检验按 FZ/T 20021—2012《织物经汽蒸后尺寸变化试验方法》执行。

（5）起球检验。按 GB/T 4802.1—2008《纺织品 织物起毛起球性能的测定 第 1 部分：圆轨迹法》执行，精梳毛织品（绒面）起球次数为 400 次，对照精梳毛织品（光面）或精梳毛织品（绒面）起球样照评级。

（6）力学性能检验。断裂强力检验按 GB/T 3923.1—2013《纺织品 织物拉伸性能 第 1 部分：断裂强力和断裂伸长率的测定（条样法）》执行，撕破强力测定按 GB 3917.2—2009《纺织品 织物撕破性能 第 2 部分：裤形试样（单缝）撕破强力的测定》单舌法执行。

（7）落水变形检验。按 GB/T 26382—2011《精梳毛织品》执行。

（8）脱缝程度检验。按 FZ/T 20019—2006《毛机织物脱缝程度试验方法》执行。

（9）色牢度检验。色牢度检验分别按 GB/T 8427—2008《纺织品 色牢度试验 耐人造光色牢度：氙弧》、GB/T 12490—2014《纺织品 色牢度试验 耐家庭和商业洗涤色牢度》（试验条件 B1S，不加钢珠）、GB/T 5713—2013《纺织品 色牢度试验 耐水色牢度》、GB/T 3922—2013《纺织品 色牢度试验 耐汗渍色牢度》、GB/T 6152—1997《纺织品 色牢度试验 耐热压色牢度》、GB/T 3920—2008《纺织品 色牢度试验 耐摩擦色牢度》和 GB/T 5711—2015《纺织品 色牢度试验 耐四氯乙烯干洗色牢度》执行。

实验 3　织物风格的测试

织物风格是指织物的外观特征与穿着服用性能的综合反映。评定织物风格的特征，过去是靠老师傅的丰富经验，通过手感目测，也就是用手摸、捻，用眼睛看，人们对手摸的具体感觉是刚硬或柔软，光滑或粗糙，有丰满感、蓬松感，弹性好，或者较板结、硬挺等感觉，这些都是以力的形式来反映，也就是织物的机械性能。

织物风格仪主要用来测量毛、麻、棉、丝、化学纤维（包括混纺）等一般机织产品和部分针织产品的弯曲特性（如活络性、弯曲刚性、弯曲应力弛缓等）、摩擦特性（如表面摩擦的滑、糙、爽程度）、压缩特性（如厚度、压缩弹性、蓬松度、表现比重、丰满性等）、起拱变形、交织阻力、平整度和每平方米的重量等多项与织物风格有关的指标。还可以用于对机织产品染整前后各项指标作比较，以验证染整工艺是否合理，确定服用性能指标、产品设计使用定向，有利于控制和提高产品质量。

实验 3.1　KES-F 风格仪

试验仪器：KES-F 风格仪。

试样：普通织物。

一、概述

KES（Kawabata Evaluation System）风格仪是已进入实用阶段的一套测试仪器。中国、澳大利亚、德国等国家都已引进该设备进行织物风格研究。川端风格仪由 4 台试验仪器组成，分别为 KES-FB1 拉伸与剪切仪、KES-FB2 弯曲试验仪、KES-FB3 压缩仪和 KES-FB4 表面摩擦及变化试验仪。

KES 系统需要测量织物 6 个特性的 16 个特征值。KES 手感评价系统是以织物在多种典型力学状态下的微变形行为为基础，并视织物为一标准板材的评价系统，共选择了 6 种典型力学状态：拉伸、剪切、压缩、弯曲、表面切向阻抗及织物结构，并从中归纳出 16 种物理指标：拉伸功 WT，拉伸功恢复率 RT，拉伸线性度 LT，压缩功 WC，压缩弹性 RC，压缩线性度 LC，表观厚度 To，剪切平均滞后矩 $2HG$、$2HG5$，剪切刚度 G，弯曲（平均）滞后矩 $2HB$，平均弯曲刚度 B，平均摩擦系数 MIU，摩擦系数平均偏差 MMD，厚度平均偏差 SMD。另外，还有一个典型的物理量——单位面积重量 W，作为刻画基本风格的物理量。因此，KES-F 系统不仅仅是一套风格测试仪，它还包含了一整套的测试方法。

二、实验目的与要求

通过实验，掌握 KES-F 风格仪的组成、实验方法、指标计算的评定方法。

三、实验方法与程序

KES 系统的拉伸、弯曲、剪切性能试验采用的试样宽度全为 20cm，裁取经纬向试样各 1 块，尺寸为 200mm×200mm，每个试样每个指标测 3 次，然后取平均值。

1. 力学性能测试

（1）拉伸特性。

试样规格：20cm×20cm。

测试实际受拉试样：长 5cm，宽 20cm。

KES 标准测试单位长度上最大拉伸负荷 F_m 设定为 500cN/cm。

可得指标：拉伸比功 WT、拉伸功回复率 RT（%）、拉伸曲线的线密度 LT。

（2）压缩特性。

可得指标：压缩比功 WC、压缩功回复率 RC（%）、压缩曲线的线密度 LC。

（3）弯曲特性。

可得指标：抗弯刚度 B、弯曲滞后量 $2HB$。

（4）剪切特性。

试样：长 5cm。

可得指标：剪切刚度或抗剪切刚度 G、剪切滞后量 $2HG$、剪切滞后量 $2HG5$。

（5）摩擦性能。

可得指标：平均摩擦系数 MIU、摩擦系数的平均差不匀率 MMD、表面粗糙度 SMD。

2. 评价方法 在评定织物的风格时，把织物风格的客观评定分为三个层次，即织物的力学指标、物理指标、基本风格 HV 和综合风格 THV。基本风格 HV 表示织物的基本性能和基本性质的风格，每一基本风格值划分为 0~10，共 11 个级别，10 为最强，0 为最弱，也就是说，基本风格只有大小强弱之分，没有好坏之分，与用途有关。如对男女冬季西服面料，基本风格分为硬挺度（Stiffness）、平滑度（Smoothness）和丰满度（Stiffness）；夏季西服面料的基本风格为滑爽度、硬挺度、平展度和丰满度，各基本风格的描述见表 4-6，然后由基本风格值进一步计算得到综合风格值 THV，THV 划分为 0~5 共 6 个级别，反映了织物制作所选服装类别的适用性和品质，各级别的意义见表 4-7。

表 4-6 基本风格的描述

用途	基本风格	描述
冬季用男士西服面料	硬挺度	与织物弯曲刚度有关的感觉，织物结构越紧密，手感越硬挺
	滑糯度	是光滑、柔软感觉的综合，山羊绒织物的此风格最强
	丰满度	与压缩蓬松性、弹性、温暖感有关的风格
夏季用男士西服面料	硬挺度	与织物弯曲刚度有关的感觉，织物结构越紧密，手感越硬挺
	滑爽度	织物爽、脆、表面较粗糙，强捻纱织物的此风格很强
	平展度	抗悬垂刚度
	丰满度	与压缩蓬松性、弹性、温暖感有关的风格

表 4-7 综合手感值各级别的意义

THV	评价
5	优秀
4	良好
3	一般
2	差
1	很差
0	无法使用

实验 3.2　FAST 风格仪

试验仪器：FAST 风格仪。

试样：普通织物。

一、概述

FAST 风格仪由澳大利亚国际羊毛局研制，用于织物的实物质量控制。它由 FAST-1 压缩弹性仪、FAST-2 弯曲性能仪、FAST-3 拉伸性能仪及 FAST-4 织物尺寸稳定试验方法组合而成，可分别测定出织物的松弛厚度、表观厚度、剪切刚性、弯曲刚性及 5g/cm、20g/cm、100g/cm 拉伸负荷下的伸长率与织物松弛收缩和湿膨胀率 12 个物理力学特性指标，通过计算机系统绘制面料性能指纹图以评判织物的裁剪缝纫加工性能及服装的成型性。

二、实验目的与要求

通过实验，掌握 FAST 风格仪的组成、实验方法、指标计算的评定方法。

三、实验方法与程序

1. FAST-1 压缩性能试验　在织物试样上分别加上压缩轻负荷 200Pa 和重负荷 10000Pa，在计算机上可直接显示相应的织物厚度，然后计算出织物的表观厚度。

（1）逆时针旋转圆环，降低物体杯至转不动为止，确保此时显示屏读数为 0.000~0.005。

（2）将试样平放在参照面上，逆时针旋转圆环至转不动为止，"嘟"声以后显示厚度 T_2。

（3）顺时针旋转圆环至转不动为止，确保试样没有移动。

（4）换大砝码重复步骤（2），"嘟"声以后显示厚度 ST。

（5）顺时针旋转圆环至转不动为止，重复步骤（2）、（3）、（4）进行下一试样的测试。

2. FAST-2 弯曲性能试验　将条状试样平放在仪器的测量平面上，然后缓慢向前推移，使试样一端逐渐脱离平面支托呈悬臂状。受试样本身重力作用，试样前沿与水平面之间成 41.5°角时，隔断光路，此时试样伸出支托面的长度即为弯曲长度，据此可计算出弯曲刚度。

（1）将 50mm×130mm 的试样平放在仪器上面，试样前端不能盖住方形孔，再将压板放在试样上面，使试样前端超出压板 10mm。

（2）按下 "START" 键，慢慢推动压板和试样，绿灯亮，继续推动至红灯亮，显示弯曲长度。将压板和试样移至原处，每块面料测试两次。

3. FAST-3 拉伸性能试验　试样上端固定，下端分别加上 5cN/cm、20cN/cm、100cN/cm 的负荷，测其织物定负荷伸长率。

（1）将三个砝码都置于平衡臂上，逆时针旋转旋钮，检查显示屏读数为 0.000~0.001。

（2）将 50mm×130mm 的试样垂直通过上、下两个夹头，先后将上、下夹持器夹紧试样，并保持试样垂直。

（3）移走最上面一只砝码，慢慢地顺时针旋转旋钮，"嘟"声以后，延伸性 E_5 读数显示在显示屏上。逆时针旋转旋钮，锁好杠杆。

（4）移走第 2 只砝码，重复步骤（3），可测出延伸性读数 E_{20}。

（5）移走所有砝码，重复步骤（3），可测出延伸性 E_{100} 的读数。

4. FAST-4 尺寸稳定性试验　测量织物浸水前、后及干燥时的尺寸，计算出反映织物尺寸稳定性的两项指标——松弛收缩率和湿膨胀率。

（1）用 FAST-4 提供的模板在试样的经向、纬向各取三对相距 250mm 的参考点。

（2）将试样置于 105℃ 的烘箱中，烘 60min 取出，测出各对参考点间距离 L_1。

（3）在 25～35℃ 水中放入 0.1% 的负离子吸湿药剂，将试样在其中浸泡 30min 后取出吸干水分后，测出各对参考点间距离 L_2。

（4）再次将试样置于 105℃ 的烘箱中，烘 60min 取出，测出各对参考点间距离 L_3。

（5）据公式计算出松弛收缩率和湿膨胀率。

思考题

三种仪器测试方法各有什么优缺点？

实验 4　纺织品阻燃性能测试

实验 4.1　垂直法

试验仪器：065YG815B 型织物阻燃性能测试仪。

测试对象：适用于有阻燃要求的服装织物、装饰织物、帐篷织物等阻燃性能的测定。

一、概述

随着文明社会的发展，科学技术的突飞猛进，城市人口密集化，居住向高层稠密型发展，加之合成材料的广泛应用，工业、家庭用纺织品及合成材料制品数量迅速增长，起因于纺织品的火灾也在不断增加。纺织品与人类接触，一旦燃烧，轻则皮肤烧伤，重则皮肤大面积烧焦烧伤，危及生命。为了减少由于纺织品引起的火灾事故，避免不必要的损失以及保障人民安全，有的放矢地进行纺织品阻燃整理工艺的探索，具有十分重要的意义。

目前，世界各国都十分重视阻燃整理，以减少不必要的损失，并开始制定纺织品阻燃整理的实验方法和标准，阻燃法规由飞机内纺织品、地毯和建筑材料开始，扩大到睡衣、家具沙发套、床垫和室内装饰物。这些法规的制定，不仅表示对人民生命财产和安全的重视，而且也促进了纺织品阻燃事业的发展。

织物的阻燃是指纺织物遭遇火源时能自动阻断燃烧继续进行，离火后自动熄灭不再续燃或阴燃的能力。

二、实验目的

（1）熟悉 065YG815B 型织物阻燃性能测试仪的结构和工作原理。

（2）掌握用垂直法测试织物阻燃性能的实验原理和操作方法。

（3）通过实验加强对织物阻燃性能的理解。

三、仪器构造及实验原理

1. 065YG815B 型织物阻燃性能测试仪　垂直燃烧实验仪构造包括正前门、试样夹支架、试样夹、试样架固定装置、焰高测量装置、电火花发生装置、点火器、通风孔门、耐热及耐蚀材料的板、安全开关、顶板和控制板等。

2. 实验原理　本仪器对织物进行阻燃性能测定，其原理采用垂直法，即将一定尺寸的纺织试样置于规定的燃烧器下点燃，测量规定点燃时间后，试样的续燃时间、阴燃时间及损毁长度。

（1）续燃时间。在规定的试验条件下，移开（点）火源后材料持续有焰燃烧的时间。

（2）阴燃时间。在规定的试验条件下，当有焰燃烧终止后，或者移开（点）火源后，材料持续无焰燃烧的时间。

（3）损毁长度。在规定的试验条件下，在规定的方向上，材料损毁面积的最大距离。

四、实验方法与步骤

（1）将主机的燃气进口与输出气压调节装置的输出口，通过煤气管相连接，并用卡箍抱紧，以防脱落或漏气。

（2）打开气瓶总开关前，先将"输出气压调节把手"按逆时针方向旋转到底，然后打开气瓶总开关，按顺时针方向缓慢旋转"输出气压调节把手"，此时气压表气压显示从零开始，慢慢变大，直到气压为（17.2±1.72）kPa。

有关燃气输出气压的特别说明。

① 燃气输出气压指的是经减压阀减压后，燃气与气压表相连通，但没有与大气相连通，即在常断电磁阀未接通（气源按钮灯未亮起）的状态下，气压表所指示的气压值。

② 常断电磁阀接通（即"气源"按钮按下，"气源"按钮灯亮），"火焰调整"旋钮逆时针方向适当开一些，此时燃气与大气相连通，可以点火燃烧，但此时燃气已与大气相连通，燃气输出气压会有压降，气压表显示的气压值会变小，这属于正常现象，但此时气压表所显示的气压值并不是燃气输出气压。

③ 在常断电磁阀未接通的状态下，通过"输出气压调节把手"调节气压，以获得所需要的燃气输出气压，而且必须从小到大调节燃气输出气压；如果从大到小调节燃气输出气压，气压表所显示的气压值并不是燃气输出气压，这一点请用户务必注意。

（3）装好 1.5V 干电池，并接通 AC220V、50Hz 电源。

（4）设置施燃时间。按施燃时间表上的向左移动循环按钮"◁"，黄色显示的 000.0 的其中一位在闪动，再按"◁"，向左移动一位闪动，再按减少按钮"▽"或增加按钮"△"，直到设置到所需时间后按按钮"MD"，施燃时间设置完毕。

（5）按燃烧时间表和阴燃时间表上左中部位的小按钮，使其复位归零。

（6）顺时针旋转"火焰调整"旋钮至燃气流量最小，然后逆时针旋转"火焰调整"旋钮，调至可以有微量燃气通过。

（7）按"气源"按钮，"气源"按钮灯亮（即常断电磁阀接通通气），此时操作人员千万不能离开，操作人员应马上按动"点火"按钮不放开（此时可见点火器发出连续脉冲火花），直到燃烧器被点着为止。

（8）顺时针方向旋转"火焰调整"旋钮，火焰高度变小；逆时针方向旋转"火焰调整"旋钮，火焰高度变大。请用户小幅度调节火焰高度至（40±2）mm，待火焰稳定。此时"火焰调整"旋钮可锁定，不必重复调整。

（9）测试。将尺寸为 300mm×80mm 试样放入试样夹持器中夹好，试样下边与试样夹持器下端平齐，然后把试样夹持器悬挂，定位，夹紧于燃烧箱中，并关上门。

按动"开始"按钮，燃烧器移动到悬挂位置后，施燃时间开始计时，当计时到设定时间后，已接通的常断电磁阀自动断开，气源指示灯熄灭，燃烧器也熄灭并移回至初始位置。此时燃烧时间表已开始计时，观察续燃情况，待续燃结束后，马上按动遥控器上的 A 按钮，燃烧时间表停止计时，阴燃时间表同时开始计时，观察阴燃情况，待阴燃结束后，马上再次按动遥控器上的 A 按钮，阴燃时间表停止计时。燃烧时间表上显示的时间即为该试样的续燃时间，阴燃时间表上显示的时间即为该试样的阴燃时间。

打开门取出试样夹持器，卸下试样，先沿其长度方向炭化处对折一下，然后在试样的下端一侧，距其底边及侧边各约 6mm 处，挂上按试样单位面积的质量选用的重锤，再用手缓缓提起试样下端的另一侧，让重锤悬空，再放下，测量试样撕裂的长度，即为损毁长度，结果精确到 1mm。重锤质量的选择见表 4-8。

表 4-8　重锤质量的选择

织物质量（g/m²）	重锤质量（g）
101 以下	54.5
101~207	113.4
207~338	226.8
338~650	340.2
650 及以上	453.6

清除试验箱中的烟、气及碎片，再测试下一个试样。

五、注意事项

（1）实验室应备有灭火器材（有条件的可安装可燃气体泄露报警装置）。

（2）开机前需认真检查燃气管路系统，严禁燃气泄漏。

（3）电源须有效接地。

（4）严格按照丙烷或丁烷气体说明使用及保存。

（5）因本仪器使用可燃气体，要求对减压阀、气瓶及管路必须定期进行检查，如发现异常或老化，应及时更换有关零部件，确保安全。

（6）最好开着门点火。

（7）操作人员应备有防护口罩。

（8）试验完成后应及时打开排风系统排除有害气体、烟尘。

（9）试验完成后，及时熄灭试验后仍在阴燃的试样。

（10）试验结束，应及时关闭气瓶总开关，然后按下气源按钮，按点火按钮点火，让燃烧器继续燃烧，耗尽管路内燃气，燃烧器自动熄灭，最后关闭电源。

六、结果计算及实验报告

记录织物经纬向五块试样的续燃时间、阴燃时间、损毁长度的数值并计算平均值（表4-9）。

表4-9 垂直法实验数据

试样指标	续燃时间（s）	阴燃时间（s）	损毁长度（mm）
1			
2			
3			
4			
5			
平均			

思考题

1. 分析影响测试结果的因素有哪些？
2. 垂直法的实验原理是什么？

实验 4.2　45°倾斜法

试验仪器：066YG815E 型织物阻燃性能测试仪。

一、概述

适用于有阻燃要求的服装织物、装饰织物、帐篷织物等阻燃性能的测定。适用于标准 GB/T 14645—2014《纺织品　燃烧性能 45°方向损毁面积和接焰次数的测定》。

二、实验目的

（1）熟悉 066YG815E 型织物阻燃性能测试仪的结构和工作原理。

（2）掌握用 45°倾斜法测试织物阻燃性能的实验原理和操作方法。

（3）通过实验加强对织物阻燃性能的理解。

三、实验原理

本仪器对织物进行阻燃性能测定，其原理采用以下两种。

A法：在规定的试验条件下，对45°方向纺织试样点火，测量织物燃烧后的续燃和阴燃时间。

B法：在规定的试验条件下，对45°方向纺织试样点火，测量织物燃烧距试样下端90mm处需要接触火焰的次数。

四、实验方法与步骤

(1) 将主机的燃气进口与输出气压调节装置的输出口，通过煤气管相连接，并用卡箍抱紧，以防脱落或漏气。

(2) 打开气瓶总开关前，先将"输出气压调节把手"按逆时针方向旋转到底，然后打开气瓶总开关，按顺时针方向缓慢旋转"输出气压调节把手"，此时气压表气压显示从零开始，慢慢变大，直到气压为（17.2±1.72）kPa。

(3) 装好1.5V干电池，并接通AC220V，50Hz电源。

(4) 设置施燃时间。按施燃时间表上的向左移动循环按钮"◁"，黄色显示的000.0的其中一位在闪动，再按"◁"，向左移动一位闪动，再按减少按钮"▽"或增加按钮"△"，直到设置到所需时间后按按钮"MD"，施燃时间设置完毕。

(5) 按燃烧时间表和阴燃时间表上左中部位的小按钮，使其复位归零。

(6) 顺时针旋转"火焰调整"旋钮至燃气流量最小，然后逆时针旋转"火焰调整"旋钮，调至可以有微量燃气通过。

(7) 按"气源"按钮，"气源"按钮灯亮（即常断电磁阀接通通气），此时操作人员千万不能离开，操作人员应马上按动"点火"按钮不放开（此时可见点火器发出连续脉冲火花），直到燃烧器被点着为止。

(8) 顺时针方向旋转"火焰调整"旋钮，火焰高度变小；逆时针方向旋转"火焰调整"旋钮，火焰高度变大。请用户小幅度调节火焰高度至（40±2）mm，待火焰稳定。此时"火焰调整"旋钮可锁定，不必重复调整。

(9) 测试。

① A法测试。按动"开始"按钮，将尺寸为330mm×230mm试样放入A法试样夹持器中，夹好试样使其不松弛，将试样夹持器以45°方向放入燃烧试验箱内，听到有咔嚓的声音后，轻轻关上门。此时施燃时间已开始计时，当计时到设定时间后，已接通的常断电磁阀自动断开，气源指示灯熄灭，燃烧器也熄灭。此时燃烧时间表已开始计时，观察续燃情况，待续燃结束后，马上按动遥控器上的A按钮，燃烧时间表停止计时，阴燃时间表同时开始计时，观察阴燃情况，待阴燃结束后，马上再次按动遥控器上的A按钮，阴燃时间表停止计时。燃烧时间表上显示的时间即为该试样的续燃时间，阴燃时间表上显示的时间即为该试样的阴燃时间。打开门取出试样夹持器，卸下试样，清除试验箱中的烟、气及碎片，再测试下一个试样。

当试样是厚型试样而采用A法点不着试样时，可将φ6.4mm燃烧器拆下，换上作为附件的φ20mm大喷嘴燃烧器进行测试。注意：换上大喷嘴燃烧器后，高压点火器位置也要做相应移动，以方便点火；同时火焰高度也应通过"火焰调整"旋钮作相应调整。

② B法测试。将长为100mm，质量为1g的试样卷成圆筒状塞入B法试样支承螺线圈中。

待火焰稳定后（火焰高度为45mm±2mm），将B法试样支承螺线圈夹持器以45°方向放入燃烧试验箱内，以45°方向移动螺线圈支架位置，使试样最下端与火焰接触。当试样熔融、燃烧停止时，重新以45°方向移动螺线圈支架位置，使之最下端与火焰接触，反复进行这一操作，熔融燃烧距离至试样下端90mm处时为止，记录试样熔融燃烧到90mm处所需接触火焰的次数。取出螺线圈夹持器，去掉残留物，清除试验箱中的烟、气及碎片，再测试下一个试样。

五、注意事项

（1）实验室应备有灭火器材（有条件的可安装可燃气体泄露报警装置）。

（2）开机前需认真检查燃气管路系统，严禁燃气泄漏。

（3）电源须有效接地。

（4）严格按照丙烷或丁烷气体说明使用及保存。

（5）因本仪器使用可燃气体，要求对减压阀、气瓶及管路必须定期进行检查，如发现异常或老化，应及时更换有关零部件，确保安全。

（6）最好开着门点火。

（7）操作人员应备有防护口罩。

（8）试验完成后应及时打开排风系统排除有害气体、烟尘。

（9）试验完成后，及时熄灭试验后仍在阴燃的试样。

（10）试验结束，应及时关闭气瓶总开关，然后按下气源按钮，按点火按钮点火，让燃烧器继续燃烧，耗尽管路内燃气，燃烧器自动熄灭，最后关闭电源。

实验 4.3　水平法

试验仪器：YG815D型织物阻燃性能测试仪。

一、概述

测试对象：适用于有阻燃要求的服装织物、装饰织物、帐篷织物等阻燃性能的测定。适用于标准FZ/T 01028—1993。

二、实验目的

（1）熟悉YG815D型织物阻燃性能测试仪的结构和工作原理。

（2）掌握用水平法测试织物阻燃性能的实验原理和操作方法。

（3）通过实验加强对织物阻燃性能的理解。

三、仪器构造及实验原理

1. YG815D型织物阻燃性能测试仪　YG815D型织物阻燃性能测试仪有电子自动点火器，点火时间在0~999.9s内任意预置。

燃烧箱用不锈钢制，内部空间尺寸（长×宽×高）为：400×300×200（mm）。

YG815D 型织物阻燃性能测试仪的操作面板图如图 4-1 所示。

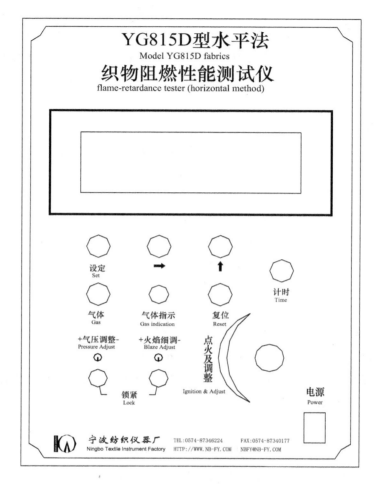

图 4-1　YG815D 型织物阻燃性能测试仪操作面板图

2. 实验原理　本仪器对织物进行阻燃性能测定，其原理采用水平法，即在规定的试验条件下，对水平方向纺织物试样点火 15s，再测定火焰在试样上的蔓延距离和蔓延此距离所用的时间。

（1）火焰蔓延时间。在规定的试验条件下，火焰在燃烧着的材料上蔓延规定距离所需要的时间。

（2）火焰蔓延速率。在规定的试验条件下，单位时间内火焰蔓延的距离。

四、实验方法与步骤

（1）接通气源，将燃气管扣插入进气卡口内，调节进气口气源压力，压力为（17.2±1.7）kPa。

（2）将"电源"开关置于"开"的位置。

（3）按"气体"按钮，"气体指示"灯亮（即供气电磁阀开），按下"点火及调整"旋钮逆时针方向旋转开关，待引火处产生火花并喷出蓝色火焰将点火器上的火焰点着。如果连续 5 次打不着火，请打开左侧门 10s 后再次点火。

（4）旋转"点火及调整"旋钮，调节火焰高度至（38±2）mm，待火焰稳定后，关好左侧气孔门。

进气压力及火焰高度的调整注意事项如下。

① 逆时针旋转火焰调整旋钮，火焰将增大；反之则被关断。

② 逆时针旋转进气压力调整旋钮，进气压力将增大；反之则被关，请小幅度调整本旋钮。

③ 引火的调整，按下并旋转"点火及调整"旋钮使之喷火，如果引火已有火焰，按下"点火及调整"旋钮的同时调整进气压力调整旋钮，使引火处喷出火焰为止，若无请逆时针调整进气压力调整旋钮，重新点火。调整好压力后请将其锁紧。

④ 调好引火后，按下并旋转"点火及调整"旋钮使之喷火，同时调整火焰粗调按钮，使点火器上产生火焰，松开"点火及调整"旋钮，点火器上已产生稳定的火焰，通过调整火焰粗调按钮与"点火及调整"旋钮，火焰调整到需要高度。

（5）正式测试前，需将点火时间设定好（标准为 15s）。

时间设定：按"设定"按钮时进入设定状态，液晶显示屏显示设定栏，设定光标跳动，设定完毕，再接设定存储设定数据，并退出设定状态。

按"⇧"设定数据 0~9 循环累加——光标指示。

按"⇨"循环选择要设定的数据——光标指示。

（6）将试样放入试样夹中，使用面向下。若是起毛或簇绒试样，把试样放在平整的台面上，用金属梳逆绒毛方向梳两次。使火焰能逆绒毛方向蔓延。将夹好试样的试样夹沿导轨推入，至导轨顶端行程开关处。计时器开始计时 15s，火焰蔓延至第一标记线时，按"计时"开始计时，火焰蔓延至第三标记线时，按"计时"停止计时。如果火焰蔓延至第三标记线前熄灭，按"计时"键停止计时，测定第一标记线至火焰熄灭处的距离。

（7）打开燃烧试验箱前门，取出试样框夹，卸下试样。清除试验箱中的烟、气及碎片。用温度计测定箱内温度，确定温度在 15~30℃ 范围时，再测试下一个试样。

（8）如果试验过程中，液晶显示屏出现黑屏或乱屏，可以按"复位"按钮或关闭电源，重新启动。

五、注意事项

（1）实验室应备有灭火器材（有条件的可安装可燃气体泄露报警装置）。

（2）因本仪器使用可燃气体，要严格按说明使用和存放，要求减压阀，储气瓶必须进行年检，管路每 180 天定期检漏一次并认真添写检查报告。

（3）本仪器应安装在通风柜中，测试过程中应关闭通风系统，避免影响试验结果，试验完毕后及时打开排风系统排除有害气体和烟尘。

（4）电源须有效接地。

（5）开机前需认真检查燃气管路，严禁燃气泄漏。

（6）操作人员应备有防护服。

（7）工作间应装有排气风扇，以供试验后，立即排除有害气体，并更换新鲜空气。

（8）试验完成后，及时熄灭试验后仍在阴燃的试样。

（9）试验工作结束，应确认关闭燃气瓶。

（10）对燃气瓶进行定期漏气检查，将充好气的燃气瓶置于水中，观察是否有气泡渗出，若有则维修或更换。

实验 4.4　氧指数法

试验仪器：HC-2 型氧指数测定仪。

测试对象：适用于测定各种类型的纺织品（包括单组分或多组分），如机织物、针织物、非织造布、涂层织物、层压织物、复合织物、地毯类等（包括阻燃处理和未经处理）的燃烧性能。

一、概述

标准 GB/T 5454—1997《纺织品　燃烧性能试验　氧指数法》规定试样置于垂直的试验条件下，在氧、氮混合气流中，测定试样刚好维持燃烧所需最低氧浓度（也称极限氧指数）的试验方法。仅用于测定在实验室条件下纺织品的燃烧性能，控制产品质量，而不能作为评定实际使用条件下着火危险性的依据，或只能作为分析某特殊用途材料发生火灾时所有因素之一。

二、实验目的

（1）熟悉 0HC-2 型氧指数测定仪的工作原理和操作方法。

（2）掌握用垂直法测试织物阻燃性能的实验原理和操作方法。

三、仪器构造及实验原理

1. HC-2 型氧指数测定仪　HC-2 型氧指数测定仪由燃烧筒、试样、试样支架、金属网、玻璃珠、燃烧筒支架、氧气流量计、氧气流量调节器、氧气压力计、氧气压力调节器、清净器、氮气流量计、氮气流量调节器、氮气压力计、氮气压力调节器、混合气体流量计、混合器、混合气体压力计、混合气体供给器、氧气钢瓶、氮气钢瓶、气体减压计、混合气体温度计等组成。

2. 实验原理　试样夹于试样夹上垂直于燃烧筒内，在向上流动的氧氮气流中，点燃试样上端，观察其燃烧特性，并与规定的极限值比较其续燃时间或损毁长度。通过在不同氧浓度中一系列试样的实验，可以测得维持燃烧时氧气百分含量表示的最低氧浓度值，受试试样中要有 40%~60% 超过规定的续燃和阴燃时间或损毁长度。

四、实验步骤

（1）检查气路，确定各部分连接无误，无漏气现象。

（2）确定实验开始时的氧浓度。根据经验或试样在空气中点燃的情况，估计开始实验时的氧浓度。如试样在空气中迅速燃烧，则开始实验时的氧浓度为18%左右；如在空气中缓慢燃烧或时断时续，则为21%左右；在空气中离开点火源即马上熄灭，则至少为25%。氧浓度确定后，便可确定氧气、氮气的流量。例如，若氧浓度为26%，则氧气、氮气的流量分别为2.5L/min和7.5L/min。

（3）安装试样。将试样夹在夹具上，垂直地安装在燃烧筒的中心位置上（注意要划50mm标线），保证试样顶端低于燃烧筒顶端至少100mm，罩上燃烧筒（注意燃烧筒要轻拿轻放）。

（4）通气并调节流量。开启氧气、氮气钢瓶阀门，调节减压阀压力为0.2~0.3MPa（由老师完成），然后开启氮气和氧气管道阀门（在仪器后面标注有红线的管路为氧气，另一路则为氮气，应注意：先开氮气，后开氧气，且阀门不宜开得过大），然后调节稳压阀，仪器压力表指示压力为（0.1±0.01）MPa，并保持该压力（禁止使用过高气压）。调节流量调节阀，通过转子流量计读取数据（应读取浮子上沿所对应的刻度），得到稳定流速的氧气流、氮气流。检查仪器压力表指针是否在0.1MPa，否则应调节到规定压力，O_2+N_2压力表不大于0.03MPa或不显示压力为正常，若不正常，应检查燃烧柱内是否有结碳、气路堵塞现象；若有此现象应及时排除使其恢复到符合要求为止。应注意：在调节氧气、氮气浓度后，必须用调节好流量的氧氮混合气流冲洗燃烧筒至少30s（排出燃烧筒内的空气）。

（5）点燃试样。用点火器从试样的顶部中间点燃（点火器火焰长度为1~2cm），勿使火焰碰到试样的棱边和侧表面。在确认试样顶端全部着火后，立即移去点火器，开始计时或观察试样烧掉的长度。点燃试样时，火焰作用的时间最长为30s，若在30s内不能点燃，则应增大氧气浓度，继续点燃，直至30s内点燃为止。

（6）确定临界氧浓度的大致范围。点燃试样后，立即开始记时，观察试样的燃烧长度及燃烧行为。若燃烧终止，但在1s内又自发再燃，则继续观察和记时。如果试样的燃烧时间超过3min，或燃烧长度超过50mm（满足其中之一），说明氧的浓度太高，必须降低，此时记录实验现象记"×"，如试样燃烧在3min和50mm之前熄灭，说明氧的浓度太低，需提高氧浓度，此时记录实验现象记"○"。如此在氧的体积百分浓度的整数位上寻找这样相邻的四个点，要求这四个点处的燃烧现象为"○○××"。例如，若氧浓度为26%时，烧过50mm的刻度线，则氧过量，记为"×"，下一步调低氧浓度，在氧浓度为25%时做第二次，判断是否为氧过量，直到找到相邻的四个点为氧不足、氧不足、氧过量、氧过量，此范围即为所确定的临界氧浓度的大致范围。

（7）在上述测试范围内，缩小步长，从低到高，氧浓度每升高0.4%重复一次以上测试，观察现象，并记录。

（8）根据上述测试结果确定氧指数LOI。

$$LOI = \frac{[O_2]}{[O_2] + [N_2]} \times 100\%$$

式中：$[O_2]$——氧气流量，L/min；

$[N_2]$——氮气流量，L/min。

五、结果计算及实验报告

实验结果记录于表 4-10 中第二、第三行记录的分别是氧气和氮气的体积百分比浓度（需将流量计读出的流量计算为体积百分比浓度后再填入）。第四、第五行记录的燃烧长度和时间分别为：若氧过量（即烧过 50mm 的标线），则记录烧到 50mm 所用的时间；若氧不足，则记录实际熄灭的时间和实际烧掉的长度。第六行的结果即判断氧是否过量，氧过量记"×"，氧不足记"○"。

表 4-10　氧指数法实验数据

实验次数	1	2	3	4	5	6	7	8	9	10
氧浓度（%）										
氮浓度（%）										
燃烧时间（s）										
燃烧长度（mm）										
燃烧结果										

思考题

1. 氧指数法的实验原理是什么？

2. 什么叫极限氧指数？如何用极限氧指数评价织物（或材料）的燃烧性能？

3. HC-2 型氧指数测定仪适用于哪些材料性能的测定？如何提高实验数据的测试精度？

实验 5　纺织品基本安全性能的测试

一、概述

纺织品在染色和整理过程中，需要使用各种染料和整理剂，经这些酸、碱、盐之类的化学物质加工处理后，纺织品上不可避免地带有一定的酸、碱性，酸、碱程度通常用 pH 来表示。pH 偏高或偏低，不仅对纺织品本身的使用性能有影响，而且在纺织品服用过程中可能对人体健康产生一定的危害。尤其是婴幼儿，皮肤较细嫩，抵抗力较弱，服用的纺织品酸碱性不当更容易对其造成伤害。一般而言，纺织品的 pH 保持在微酸性和中性之间有利于对人体的保护。

二、实验目的与要求

掌握纺织品的基本安全性能指标及各项指标的检验方法。

三、纺织品水萃取液 pH 的检验

1. 概述　pH 的检测采用玻璃电极测定法，在室温下，用带玻璃电极的 pH 计对纺织品水萃取液进行电位测量，然后转换成 pH。一般最常用的 pH 玻璃电极是由玻璃膜做成，其主要成分是 SiO_2、Li_2O 或 Na_2O、碱土金属氧化物和稀土氧化物，核心部分是头端敏感玻璃球泡。

敏感玻璃球泡膜浸到水溶液以后，表面形成水化凝胶层，凝胶层中的氢离子与溶液中的氢离子发生离子交换反应，同时氢离子在水化层的界面上与玻璃表面的碱金属离子产生离子交换，水溶液腮红氢离子浓度越高，产生交换的离子就越多，离子交换的结果是产生一个界面电位，使玻璃电极的电位随溶液中氢离子活度的变化而变化。这个界面电位与 pH 的大小有关，与溶液中氢离子活度相关，最终可通过仪器的电子单元处理、输出，或直接转化为对应的 pH 输出。

2. 仪器与试剂

（1）仪器。具塞三角烧瓶、机械振荡器、pH 计、天平、烧杯、量筒等。

（2）试剂。三级水或去离子水（在 20℃±2℃ 时，pH 在 5~6.5 范围，最大电导率为 $2×10^{-6}$ S/cm。使用前需煮沸 5min 以去除二氧化碳，然后密闭冷却）、缓冲溶液（一般可选用 0.05mol/L 的邻苯二甲酸氢钾溶液或 0.05mol/L 的四硼酸钠溶液）。

3. 实验步骤

（1）将实验样品剪成 5mm×5mm 大小的小块试样，为避免沾污试样，操作时不要用手直接接触试样。

（2）水萃取液的制备。称取质量为 2g±0.05g 的试样三份，分别放入三角烧瓶中，加入 100mL 三级水或去离子水，摇动烧瓶使试样充分湿润，然后在振荡机上振荡 1h。

（3）水萃取液 pH 的测定。

① 在室温下用标准缓冲溶液对 pH 计的电极进行标定。

② 用三级水或去离子水冲洗电极直至所显示的 pH 稳定为止。

③ 用浸没式电极系统，将第一份萃取液倒入烧杯中，立即将电极浸入液面下至少 1cm，用一玻璃棒搅动萃取液，直至 pH 最终达到稳定值；将第二份萃取液倒入烧杯中，不用冲洗电极，直接将其浸入液面下至少 1cm 静置，直至 pH 达到最稳定值，记录此值，精确至 0.1。按照以上步骤测定第三份萃取液。

4. 实验结果的计算　以第二份、第三份水萃取液测得的 pH 的算术平均值作为最终结果，精确至 0.05。

5. 注意事项

（1）pH 计的选择。应选择对氢离子活度具有高选择性响应的玻璃复合电极，同时要求 pH 计应具有一定的测量精度、重复性好、带自动温度补偿功能、最终结果显示锁定功能强。

（2）玻璃电极的使用和保养。玻璃电极头端敏感，玻璃球膜浸泡到水溶液中以后，表面会形成水化凝胶层，这是氢离子发生离子交换反应的场所，只有保持水化层有一定的厚度和稳定性，玻璃电极才会有良好的相应性能，pH 的测量才有可靠性。所以电极在使用过程中应尽可能避免将电极搁置干燥，电极使用过后应立即清洗干净，头部浸没在氯化钾溶液中妥善保存。使用时，玻璃电极容易吸附离子或杂质，极不容易达到平衡点，平衡速度减慢时要及时对电极进行清洗，用吸纸吸干，绝不能擦干，因为擦干时易带电。

（3）水萃取液的过滤。纺织品水萃取液中往往残留许多细小纤维和杂质，应在测量前用玻璃坩埚漏斗过滤。

四、甲醛含量的检验

1. 概述 用于纤维素纤维为主的织物的防缩、防皱整理的交联剂是甲醛的主要来源。由于含有甲醛的纺织品在人们穿着和使用过程中会逐渐放出游离甲醛，通过人体呼吸道及皮肤接触对人体产生强烈的刺激，引发各种疾病，甚至诱发癌症。

甲醛的化学性质十分活泼，因此适用于甲醛的定量分析方法很多：滴定法、重量法、比色法和色谱法。其中，滴定法和重量法适用于高浓度甲醛的定量分析，而比色法和色谱法适用于微量甲醛的定量分析。

纺织品甲醛含量的检测是为了更好地控制纺织品甲醛含量。织物上的甲醛包括甲醛、水解甲醛、游离甲醛，三者总和成为总甲醛。释放甲醛是指在一定温湿度下的水解甲醛和游离甲醛的混合。纺织品上甲醛定量分析常采用比色法，即将萃取液与乙酰丙酮反应，生成黄色反应物，它溶于水中颜色的深浅与甲醛含量成正比。因此，在一定浓度范围内，可在412nm波长处用分光光度计进行吸光度测定，再从标准曲线上求得甲醛含量。根据前处理制备方法的不同可分为液相萃取法和气相萃取法。液相萃取法测得的是样品中游离的和经水解后产生的游离甲醛的总量，用以考察纺织品在穿着和使用过程中因出汗或淋湿等因素可能造成的游离甲醛逸出对人体的危害。而气相萃取法测得的则是样品在一定温湿度条件下释放出的游离甲醛含量，用以考察纺织品在储存、运输、陈列和压烫过程中所释放的甲醛的量，以评估其对环境和人体可能造成的危害。采用不同的预处理方法，所得的测定结果是完全不同的，液相法的结果高于气相法。

2. 液相萃取法

（1）试剂。所有试剂均采用分析纯，所用水均为三级水。乙酰丙酮试剂是在1000mL容量瓶中加入150g乙酰胺，用800mL水溶解，然后加3mL冰乙酸和2mL乙酰丙酮，用水稀释至刻度，用棕色瓶储存。一般要储存12h以上，6个星期内有效。

甲醛溶液的质量分数约为37%。双甲酮乙醇溶液由1g双甲酮用乙醇溶解并稀释至100mL，用前即配。

（2）仪器。容量瓶、移液管、量筒、带盖三角烧瓶、分光光度计等。

（3）实验准备。

① 甲醛标准溶液的配制和标定。用水稀释3.8mL甲醛溶液至1L，配制成1500μg/mL的甲醛原液。用标准方法测甲醛原液浓度，记录该标准原液的精确浓度。该原液可储存4个星期，用于制备标准稀释液。根据需要配制至少5种浓度的甲醛校正液，用以绘制工作曲线。

② 试样的准备。样品不需要调湿，因为与湿度有关的干度和湿度可影响样品中甲醛的含量，在测试以前，把样片储存进一个容器。剪碎后的试样1g放入250mL带塞子的三角烧瓶中，加100mL水，放入温度为40℃±2℃的水浴中，时间为60min±5min，每5min摇瓶一次，用过滤器过滤至另一烧瓶中。如果甲醛含量太低，增加试样量至2.5g，以确保测试的准确性。

（4）实验步骤。

① 显色。用单标移液管分别吸取5mL过滤后的样品溶液放入不同的试管中，分别加入

5mL乙酰丙酮溶液摇动，然后把试管放在40℃±2℃水浴中显色30min±5min。

② 测定吸光度。取出试管，常温下放置30min±5min，用5mL蒸馏水加等体积的乙酰丙酮做空白对照，用分光光度计在412nm波长处测定吸光度，共做三个平行实验。

③ 双甲酮确认实验。取5mL样品溶液于一试管中，加1mL双甲酮乙醇溶液并摇动，把溶液放入40℃±2℃水浴中10min±1min。加5mL乙酰丙酮试剂摇动，继续放入40℃±2℃水浴30min±5min。取出试管于室温下放置30min±5min，测量用相同方法制成的对照溶液的吸光度，对照溶液用水而不是使用样品溶液，来自甲醛在412nm处的吸光度将消失。

（5）实验结果的计算。用校正后的吸光度数值，通过甲醛标准溶液工作曲线查得对应的样品溶液的甲醛含量，用μg/mL表示，再用下式换算成从织物样品中萃取的甲醛含量（mg/kg），计算三次结果的算术平均值。

$$F = 100C/m$$

式中：F——从织物样品中萃取的甲醛含量，mg/kg；

  C——读自工作曲线上的萃取液中的甲醛浓度，mg/L；

  m——试样的质量，g。

（6）注意事项。

① 乙酰丙酮为无色或黄色液体，易燃，有麻醉作用，对皮肤有轻微的刺激性，接触后应立即用水冲洗，且应在有效期内使用。

② 取样原则。服装的里料和面料能分开的，则分开测；一体的，则整体测；西服面料应和黏合衬一起测。衬衣的领子、袖口和面料应单独测，报最高值。印花织物的花型部分和空白部分单独测，报最高值。

3. 气相萃取法 主要是模拟织物在仓储和压烫过程中释放甲醛的定量测定方法，适用于生产和储存过程中的甲醛含量检测。其原理是将一个已称量的织物试样悬挂于密闭瓶中的水面上，密闭瓶放入控温烘箱内规定时间，被水吸收的甲醛用乙酰丙酮显色，显色液用分光光度计比色测定其甲醛含量。

实验用试剂及设备除增加1L有密封盖的玻璃广口瓶、小型金属网篮（或其他可悬挂织物于瓶内水上部的适当工具）、电热鼓风箱外，其他同液相萃取法。甲醛溶液的配制和标定也同液相萃取法。

操作步骤是将每只实验瓶底放50mL水，用金属丝网篮或其他手段将一块试样悬于每瓶水面上，盖紧瓶盖，放入40℃±2℃烘箱中2h±15min，取出实验瓶，冷却30min±5min，从瓶中取出试样和网篮或其他支持件，再盖紧瓶盖，将瓶摇动以混合瓶侧凝聚物，然后过滤，把加有5mL过滤后的样品溶液和5mL乙酰丙酮溶液的试管放在40℃±2℃水浴中显色30min±5min。取出试管，常温下放置30min±5min，用5mL蒸馏水加等体积的乙酰丙酮做空白对照，用分光光度计在412nm波长处测定吸光度。计算结果和表示同液相萃取法。注意事项同液相萃取法。

五、异常气味的检验

1. 概述 如果纺织品上有发霉、高沸程石油、鱼腥、芳香烃等特殊气味，表明纺织品上有过量的化学品残留，有可能对人体健康造成危害。异味的检验是将纺织品试样置于规定的环境中，利用人的嗅觉器官来判定其气味。

2. 检验过程

（1）取样。织物不小于20cm²，纤维不少于50g。抽取的样品应立即放入一洁净无气味的密闭容器内保存。

（2）检验。检验应在洁净、无异常气味的环境中进行，将试样放在实验台上，检验者应事先洗净双手，戴上手套，拿起试样靠近鼻腔，仔细嗅闻试样所带有的气味，如检出下列气味中的一种或几种，记录为有异味。

异常气味的种类包括霉味、高沸程石油味、鱼腥味、芳香烃味。

为了保证检验结果的准确性，参加气味检验的人员要有敏锐的嗅觉，事先不得吸烟、喝酒和食用辛辣刺激的食物，不能化妆。检验过程中应注意休息，以消除嗅觉疲劳。结果评定以3人评判，相同2人的结果为测试结果。

思考题

纺织品基本安全性能的测试内容有哪些？影响各项内容测试结果的主要因素有哪些？

参考文献

［1］朱进忠. 纺织材料学实验［M］. 2 版. 北京：中国纺织出版社，2008.

［2］余序芬. 纺织材料实验技术［M］. 北京：中国纺织出版社，2004.

［3］赵书经. 纺织材料实验教程［M］. 北京：中国纺织出版社，2005.

［4］于伟东. 纺织材料学［M］. 北京：中国纺织出版社，2012.

［5］沈建明，徐虹，邬福麟，等. 纺材实验［M］. 北京：中国纺织出版社，1999.

［6］姚穆. 纺织材料学［M］. 4 版. 北京：中国纺织出版社，2015.

［7］蒋耀兴. 纺织品检验学［M］. 北京：中国纺织出版社，2008.

［8］范雪荣. 纺织品染整工艺学［M］. 北京：中国纺织出版社，2006.

［9］慎仁安. 新型纺织测试仪器使用手册［M］. 北京：中国纺织出版社，2005.

［10］夏志林. 纺织实验技术［M］. 北京：中国纺织出版社，2007.

［11］张一心. 纺织材料［M］. 2 版. 北京：中国纺织出版社，2005.

［12］中国纺织总会标准化研究所. 中国纺织标准汇编基础标准与方法标准卷（一）—（四）. 北京：中国标准出版社，2000.

［13］朱进忠. 纺织标准学［M］. 北京：中国纺织出版社，2007.

［14］徐蕴燕. 织物性能与检测［M］. 北京：中国纺织出版社，2007.

［15］李汝勤. 纤维和纺织品的测试技术［M］. 上海：东华大学出版社，2005.

［16］董鲁平. 计算机图像处理［M］. 北京：清华大学出版社，2008.

［17］马戈. 概率论与数理统计［M］. 北京：科学出版社，2012.

［18］顾平. 织物组织与结构学［M］. 北京：中国纺织出版社，2010.

［19］朱苏康. 机织学［M］. 2 版. 北京：中国纺织出版社，2008.

［20］黄翠荣. 纺织面料设计［M］. 2 版. 北京：中国纺织出版社，2008.

［21］郁崇文. 纺纱学［M］. 2 版. 北京：中国纺织出版社，2009.